地盤工学会基準
グラウンドアンカー設計・施工基準, 同解説

(JGS 4101-2012)

公益社団法人 **地盤工学会**

序

　地盤工学会では，これまで，室内試験関係，地盤調査関係ならびに地盤設計・施工関係の基準・規格を策定し，我が国の地盤工学分野の技術発展に大いに貢献してきた。一方で，現在世界では，あらゆる分野の技術について基準化・規格化が進められており，地盤構造物および地盤工学に関連する種々の技術についても欧州構造基準（Euro Code）や国際規格（ISO）として制定が進んでいる。このような状況の下，地盤工学会では，国内外の情勢に十分対応した基準・規格の策定ならびに現行の基準・規格の改訂を行っている。

　「グラウンドアンカー設計・施工基準」は，昭和52年に土質工学会基準として制定された「アースアンカーの設計・施工基準」を基に，昭和63年に制定された。引き続き，平成12年には「グラウンドアンカー設計・施工基準，同解説」として，多種多様な技術を取り入れた改訂版が出版され，グラウンドアンカー工法の技術開発と普及が図られてきた。本書は，国際的な基準・規格などの国際情勢を念頭に改訂されたもので，同工法の世界的な発展に大いに寄与するものと確信しています。

　本書を刊行するにあたり，基準の作成ならびに解説の検討と執筆に携わった委員会，ワーキンググループの各位，またご協力いただきました関係各位に心から謝意を表します。

　2012年5月

公益社団法人　地盤工学会
地盤設計・施工基準化委員会
委員長　北　詰　昌　樹

ま え が き

　昭和52年（1977年）に土質工学会基準「アースアンカーの設計・施工基準」（JSF規格：D 1-77）が制定されて以来，今回が3回目の基準改訂で，およそ10年おきに改訂されていることになる。定期的に改訂が実施されているようだが，振り返ってみると，それぞれの改訂時期には，グラウンドアンカー（以下，アンカーという）をとりまく技術的背景と評価が，基準を改訂すべき理由として存在した。

　まず，最初の基準制定時においては，アンカーが欧州から導入されて10数年たち，適用の多様化に伴い，技術の信頼性を維持することが望まれていた。最初の基準改訂は，昭和63年（1988年）11月で，「グラウンドアンカー設計・施工基準」（JSF規格：D 1-88）として制定された。この時の基準改訂において，防食と維持管理について新たに章立てされた。これには，アンカーの永久構造物への適用が拡大し，利用目的に対して適切に設計・施工し，さらに維持管理することが求められるようになったことが背景にあった。2度目の改訂は，平成12年（2000年）3月で，「グラウンドアンカー設計・施工基準」（JGS 4101-2000）として制定された。この時の改訂では，1988年の基準改訂後，多種多様なアンカー工法が開発されたことから，国内外のアンカー技術の進歩を反映させることが考慮された。さらに，前委員やアンカーの実務経験者の方々に対してアンケートを実施し，基準の問題点を明らかにするとともに，実務者の経験や実施例からの教訓が反映された。

　アンカーは，技術導入されて50年以上が経過しており，その間にアンカーの長期耐久性の議論が高まったことについては，多くの実務経験者の中では周知されているところである。その結果，望ましい防食構造，管理段階での点検と維持管理の重要性等が示されるようになった。さらに，国際的な情勢としては，2000年以降，地盤構造物の試験規格が国際規格（ISO）として制定される動きがあり，その方向性を注視していく必要性が高まっている。今回の地盤工学会基準「グラウンドアンカー設計・施工基準，同解説」（JGS 4101-2012）では，このようなアンカーを取り巻く国内外の情勢を十分に考慮し，反映するこ

とに努めた。また，実務書として使い易くするために，構成を基準文，解説文，付録に三分割させた。本書が実務者の方々にとって役立つものになることを期待するところである。

　最後に多大な尽力をいただいたワーキングメンバーの方々，ならびにご助言などご協力をくださった関係者の方々に深く謝意を表すものである。

地盤設計・施工基準委員会WG3：グラウンドアンカー
ワーキングリーダー　山　田　　浩

委員会名簿

地盤設計・施工基準委員会　WG3：グラウンドアンカーWG

グループリーダー	山田　浩	日特建設（株）	
幹事	山崎　淳一	三信建設工業（株）	
委員	岩井田　義夫	ケミカルグラウト（株）	
〃	岡﨑　賢治	日特建設（株）	
〃	鈴木　武志	日本基礎技術（株）	
〃	竹村　次朗	東京工業大学	
〃	仲本　治	（株）CPC	
〃	西野　元庸	住友電工スチールワイヤー（株）	
〃	藤原　優	（株）高速道路総合技術研究所	
〃	別府　正顕	ライト工業（株）	
〃	丸　隆宏	（株）フジタ	
〃	藪　雅行	（独）土木研究所	
〃	山本　彰	（株）大林組	
〃	吉村　雅宏	（株）高速道路総合技術研究所	
〃	米村　晃	東興ジオテック（株）	
〃	渡辺　健治	（公財）鉄道総合技術研究所	
旧委員	天野　淨行	（株）高速道路総合技術研究所	
〃	木戸　俊朗	住友電工スチールワイヤー（株）	
〃	佐藤　英二	（株）竹中工務店	
〃	竹本　将	（株）高速道路総合技術研究所	
〃	宮武　裕昭	（独）土木研究所	

グラウンドアンカー設計・施工基準，同解説

目　　　　次

　　　　　　　　　　　　　　　　　　　　　　　　　　　　基準　解説

第1章　総　　則
　　1.1　適用範囲 ……………………………………………… 1　　19
　　1.2　記　　録 ……………………………………………… 1　　20
第2章　用語・記号
　　2.1　用　　語 ……………………………………………… 1　　21
　　2.2　記　　号 ……………………………………………… 6　　31
第3章　計画・調査
　　3.1　一　　般 ……………………………………………… 7　　33
　　3.2　計　　画 ……………………………………………… 7　　34
　　3.3　調　　査 ……………………………………………… 7　　36
　　3.4　記録の保存 …………………………………………… 8　　42
第4章　材　　料
　　4.1　一般 …………………………………………………… 8　　43
　　4.2　グラウト ……………………………………………… 8　　44
　　4.3　テンドン ……………………………………………… 8　　46
　　4.4　定着具 ………………………………………………… 9　　47
　　4.5　その他の材料 ………………………………………… 9　　48
第5章　防　　食
　　5.1　一　　般 ……………………………………………… 9　　53
　　5.2　防食用材料 ……………………………………………10　　56
　　5.3　防食方法 ………………………………………………10　　58
第6章　設　　計
　　6.1　一　　般 ………………………………………………10　　63
　　6.2　アンカーの配置 ………………………………………10　　65

6.3	アンカーの長さ ……………………………	11	67
6.4	アンカー体 …………………………………	11	69
6.5	アンカー頭部 ………………………………	11	70
6.6	アンカー力 …………………………………	11	71
6.7	定着時緊張力 ………………………………	12	78
6.8	構造物全体の安定 …………………………	12	81
6.9	その他のアンカー …………………………	12	82

第7章　施　工

7.1	一般 …………………………………………	12	85
7.2	施工計画 ……………………………………	12	85
7.3	施工および施工管理 ………………………	12	87
7.4	材料の保管 …………………………………	13	89
7.5	削　孔 ………………………………………	13	90
7.6	テンドンの組立加工 ………………………	13	93
7.7	テンドンの取扱い …………………………	13	94
7.8	テンドンの挿入と保持 ……………………	14	95
7.9	注　入 ………………………………………	13	95
7.10	養　生 ……………………………………	14	97
7.11	緊張定着 …………………………………	14	97
7.12	頭部処理 …………………………………	14	98
7.13	アンカーの除去 …………………………	15	100
7.14	記　録 ……………………………………	15	100

第8章　試　験

8.1	一　般 ………………………………………	15	103
8.2	試験の計画 …………………………………	15	105
8.3	基本調査試験 ………………………………	16	107
8.4	適性試験 ……………………………………	16	109
8.5	確認試験 ……………………………………	16	111
8.6	その他の試験 ………………………………	16	112

第9章　維持管理

- 9.1　一般 …………………………………………………… 17　115
- 9.2　アンカーの点検 ………………………………………… 17　118
- 9.3　アンカーの健全性調査 ………………………………… 17　124
- 9.4　対策 ……………………………………………………… 17　132
- 9.5　記録 ……………………………………………………… 18　135

付録

付録3 ……………………………………………………………137
- 【付録3-1】　計画時に技術的検討が必要なアンカー
- 【付録3-2】　調査時に作成するアンカー体設置地盤情報
- 【付録3-3】　ルジオン試験

付録4 ……………………………………………………………143
- 【付録4-1】　テンドンを構成する引張り材の例

付録5 ……………………………………………………………149
- 【付録5-1】　腐食破壊の原理
- 【付録5-2】　腐食によるアンカー破断の実態調査結果[1]
- 【付録5-3】　防食材料の仕様の例[2],[3]
- 【付録5-4】　合成樹脂（ポリエチレン）の試験方法と特性値例
- 【付録5-5】　水密性基準の例（NEXCO基準 JHS 122)[4]
- 【付録5-6】　アンカーの防食構造

付録6 ……………………………………………………………155
- 【付録6-1】　PTIにおけるアンカー傾角
- 【付録6-2】　アンカー体設置間隔とグループ効果の考え方（例）
- 【付録6-3】　アンカー体の土被りとアンカー体設置制限（例）
- 【付録6-4】　アンカーの極限引抜き力の推定
- 【付録6-5】　アンカーの極限周面摩擦抵抗
- 【付録6-6】　アンカー体長と極限引抜き力
- 【付録6-7】　テンドン自由長の考え方（例）

【付録 6-8 】 斜面安定に用いるアンカーの初期緊張力と定着時緊張力

　　【付録 6-9 】 土留め・山留めアンカーの初期緊張力と定着時緊張力

　　【付録 6-10】 アンカーの除荷

　　【付録 6-11】 アンカー定着時における緊張力低下の要因とその影響

　　【付録 6-12】 連続繊維補強材を用いるアンカー

付録 8 ··175

　　【付録 8-1 】 試験の計画

　　【付録 8-2 】 試験装置

　　【付録 8-3 】 基本調査試験

　　【付録 8-4 】 適性試験

　　【付録 8-5 】 確認試験

　　【付録 8-6 】 その他の確認試験

　　【付録 8-7 】 その他の試験

付録 9 ··203

　　【付録 9-1 】 健全性調査の方法について

　　【付録 9-2 】 対策工の選定

地盤工学会基準

グラウンドアンカー設計・施工基準
（JGS 4101-2012）

第1章 総　則

1.1 適用範囲
本基準は，地盤中に造成されるグラウンドアンカー（以下，単にアンカーということがある）の計画・調査・設計・施工・試験・維持管理に適用する。

1.2 記　録
計画・調査・設計・施工・試験・維持管理の各段階における記録とその保存については，各段階における責任技術者と管理者が行なう。

第2章 用語・記号

2.1 用　語
本基準で用いる主な用語は次のように定義する。

(1) グラウンドアンカー

グラウンドアンカーとは，作用する引張り力を地盤に伝達するためのシステムで，グラウトの注入によって造成されるアンカー体，引張り部，アンカー頭部によって構成されるものである。

(2) 除去式アンカー

除去式アンカーとは，供用後にテンドンあるいはその一部を撤去することが可能なものをいう。

(3) アンカー体

アンカー体とは，グラウトの注入により造成され，引張り部からの引張り力

を地盤との摩擦抵抗もしくは支圧抵抗によって地盤に伝達するために設置する抵抗部分をいう．

(4) 引張り部

引張り部とは，アンカー頭部からの引張り力をアンカー体に伝達するために設置する部分をいう．

(5) アンカー頭部

アンカー頭部とは，構造物からの力を引張り力として引張り部に伝達させるための部分をいい，定着具と支圧板からなる．

(6) テンドン

テンドンとは，引張り力を伝達する部材として組み立てられたものをいう．

(7) 定着具

定着具とは，テンドンをアンカー頭部で定着させる部材をいう．

(8) 支圧板

支圧板とは，定着具と台座あるいは構造物との間に設置される部材をいう．

(9) 頭部キャップ

頭部キャップとは，アンカー頭部の保護と防食のために，これを覆うものをいう．

(10) 拘束具

拘束具とは，テンドンの変位を拘束あるいは抑制し，テンドンに加わる引張り力をアンカー体のグラウトに伝達するために使用する部材をいう．

(11) グラウト

グラウトとは，テンドン内部および地盤とテンドンとの空隙を充填する主要な注入材あるいは注入材が固化したものをいう．

(12) アンカー体注入

アンカー体注入とは，アンカー体を地中で造成するために行うグラウトの注入をいう．

(13) 充填注入

充填注入とは，アンカー体の造成が終了した後に行うグラウトの注入をいう．

(14) アンカー長（l_A）

アンカー長とは，アンカー全体の長さをいい，アンカー体長とアンカー自由長よりなる。

(15) アンカー体長（l_a）

アンカー体長とは，地盤に対して力の伝達が行われているアンカー体の長さをいう。

(16) アンカー自由長（l_f）

アンカー自由長とは，アンカー頭部のテンドン定着位置からアンカー体までの長さをいう。

(17) テンドン長（l_s）

テンドン長とは，テンドンの全長をいい，テンドン拘束長，テンドン自由長および余長よりなる。

(18) テンドン拘束長（l_{sa}）

テンドン拘束長とは，テンドンに加わる引張り力をアンカー体のグラウトに伝達させるために必要な部分のテンドンの長さをいう。

(19) テンドン自由長（l_{sf}）

テンドン自由長とは，アンカー頭部に作用する引張り力をアンカー体まで伝達させる部分のテンドンの長さをいう。

(20) 削孔長（l_B）

削孔長とは，アンカー設置のための実際に削孔する全長をいう。

(21) 削孔径（d_B）

削孔径とは，削孔ビットの公称直径をいう。

(22) 拡孔径（d_E）

拡孔径とは，削孔径を拡大する場合，あるいはアンカー体径を拡大する場合，その公称拡孔直径をいう。

(23) アンカー体径（d_A）

アンカー体径とは，アンカー体の公称直径をいう。

(24) アンカー傾角（α）

アンカー傾角とは，アンカー打設方向と水平面のなす角をいう。

(25) アンカー水平角 (θ)

アンカー水平角とは，アンカー打設方向と構造物の基準とする鉛直面のなす角をいう。

(26) 防　食

防食とは，アンカー部材の腐食の発生や進行を防ぐことをいう。

(27) アンカー力 (T)

アンカー力とは，アンカーからアンカー体設置地盤に伝達されている力をいう。

(28) 極限アンカー力 (T_u)

極限アンカー力とは，アンカーが終局限界状態になる力をいい，テンドンの極限引張り力，テンドンの極限拘束力およびアンカーの極限引抜き力のうち，最も小さい値で決まる。

(29) テンドンの極限引張り力 (T_{us})

テンドンの極限引張り力とは，テンドンに用いる鋼材などのJISに定められた最大試験力などから求めた引張り力に相当する値をいう。

(30) テンドンの極限拘束力 (T_{ub})

テンドンの極限拘束力とは，テンドンあるいはテンドンに取り付けた拘束具とアンカー体のグラウトとの間に生じる付着，摩擦もしくは支圧による抵抗が終局限界状態になる値をいう。

(31) アンカーの極限引抜き力 (T_{ug})

アンカーの極限引抜き力とは，地盤とアンカー体との間に生じている付着，摩擦もしくは支圧による抵抗が終局限界状態になる値をいう。

(32) テンドンの降伏引張り力 (T_{ys})

テンドンの降伏引張り力とは，テンドンに用いる鋼材のJISに定められた0.2％永久伸びに対する試験力などから求めた引張り力に相当する値をいう。

(33) 許容アンカー力 (T_a)

許容アンカー力とは，テンドンの許容引張り力，テンドンの許容拘束力およびアンカーの許容引抜き力のうち最も小さい値をいう。

(34) テンドンの許容引張り力 (T_{as})

テンドンの許容引張り力とは，テンドンの極限引張り力またはテンドンの降

伏引張り力にそれぞれの低減率を乗じたもののうち小さい値をいう．

(35) テンドンの許容拘束力（T_{ab}）

テンドンの許容拘束力とは，テンドンの極限拘束力を安全率で除した値をいう．

(36) アンカーの許容引抜き力（T_{ag}）

アンカーの許容引抜き力とは，アンカーの極限引抜き力を安全率で除した値をいう．

(37) 設計アンカー力（T_d）

設計アンカー力とは，設計に用いる引張り力をいう．

(38) セット量

セット量とは，アンカーを定着する時に，テンドンが頭部定着部において引き込まれる長さをいう．

(39) 初期緊張力（P_i）

初期緊張力とは，アンカーの緊張・定着作業を行う時にテンドンに与える引張り力をいう．

(40) 定着時緊張力（P_t）

定着時緊張力とは，アンカーの緊張・定着作業が終了した時にテンドンに作用している引張り力をいう．

(41) 残存引張り力（P_e）

残存引張り力とは，アンカーの供用時にテンドンに作用している引張り力をいう．

(42) リラクセーション

リラクセーションとは，テンドンのひずみを一定に保持したとき，応力または緊張力が時間とともに減少する現象をいう．

(43) クリープ

クリープとは，静的かつ一定の引張り力がテンドンに作用している状態で，時間とともにテンドンの伸びおよび地盤の変位が進行する現象をいう．

(44) 基本調査試験

基本調査試験とは，アンカーの設計に必要な設計定数を決定するための試験

をいう。

(45) 適性試験

適性試験とは，施工されたアンカーの設計および施工が適切であるか否かを調べるための試験をいう。

(46) 確認試験

確認試験とは，施工されたアンカーが，設計アンカー力に対して，安全であることを確認するための試験をいう。

(47) 責任技術者

責任技術者とは，構造物の所有者，発注者，設計者，施工者および維持管理者，あるいは所定の手続きによって業務を代行する技術者のうち，アンカーに関するそれぞれの段階で常時管理または監督する立場にあるものをいう。

2.2 記　号

A_s　：テンドン断面積
a　：アンカー体間隔
b　：アンカー頭部間隔
d_A　：アンカー体径
d_B　：削孔径
d_E　：拡孔径
l_A　：アンカー長
l_a　：アンカー体長
l_B　：削孔長
l_f　：アンカー自由長
l_s　：テンドン長
l_{sa}　：テンドン拘束長
l_{sf}　：テンドン自由長
P_e　：残存引張り力
P_i　：初期緊張力
P_t　：定着時緊張力
q　：単位面積当たりの支圧抵抗

T　：アンカー力
T_a　：許容アンカー力
T_{ab}　：テンドンの許容拘束力
T_{ag}　：アンカーの許容引抜き力
T_{as}　：テンドンの許容引張り力
T_d　：設計アンカー力
T_0　：初期荷重
T_p　：計画最大荷重
T_t　：最大試験荷重
T_u　：極限アンカー力
T_{ub}　：テンドンの極限拘束力
T_{ug}　：アンカー極限引抜き力
T_{us}　：テンドンの極限引張り力
T_{ys}　：テンドンの降伏引張り力
α　：アンカー傾角
θ　：アンカー水平角
τ　：単位面積当たりの周面摩擦抵抗
τ_b　：テンドンとグラウトとの付着応力度

第3章　計画・調査

3.1　一　般
(1) アンカーの実施にあたっては，アンカーの特性を踏まえたうえで，計画および調査を行う。
(2) アンカーおよびアンカーされる構造物の安全性，アンカーの施工性，アンカーの維持管理などについて十分に検討し計画を行う。
(3) アンカーの設計，施工，維持管理などに必要な資料を得るため調査を行う。

3.2　計　画
アンカーの計画では，次の事項について技術的検討を行う。
　1) アンカーの目的や施工性に応じたアンカーの形式
　2) アンカーされる構造物，周辺地盤，近接構造物などの変位と安定
　3) アンカーの目的，供用期間および環境条件に応じた防食構造
　4) アンカーの目的，規模などの諸条件に応じた，試験の方法と実施時期
　5) アンカー設置地盤の長期にわたる安定性
　6) アンカーの維持管理方法

3.3　調　査
(1) 一般調査
　一般調査は，主に地形，土地利用の状況，近接する構造物，埋設物，気象条件，施工に関連する事項などについて行う。

(2) 地盤調査
　地盤調査は，アンカーおよびアンカーされる構造物によって影響を受ける範囲について，地盤の地質学的構成及び工学的特性，地下水の状況，腐食環境などについて行う。

(3) 基本調査試験
　アンカーの設計に用いる地盤の極限摩擦抵抗を調べるために引抜き試験を行う。また，必要に応じて，アンカーの長期安定性を調べるために長期試験を行う。

3.4 記録の保存

アンカーの計画・調査に関する諸資料は，設計・施工，維持管理に資するため，責任技術者が保管する。

第4章 材 料

4.1 一 般

(1) アンカーの材料は，JIS など公的機関の規格により保証されているものか，もしくは所要の品質や性能を有していることを確認したものとする。
(2) アンカーの材料を組み立てる場合には，各材料は他の材料に悪影響を与えないことを確認したものを使用する。

4.2 グラウト

(1) セメント系グラウト

1) セメント

   セメントは JIS などの規格および基準に適合したポルトランドセメントを用いることを標準とする。

2) 練混ぜ水

   練混ぜ水は，グラウト，テンドンなどに悪影響を及ぼす油，酸，塩類，有機物，その他の物質の有害量を含まないものとする。

3) 細骨材

   細骨材は，良質で適当な粒度を持ち，ごみ，泥，有機不純物，塩化物などの有害物を含んでいないものとする。

4) 混和材料

   混和材料は，JIS などの規格および基準に適合したものを使用する。

(2) その他のグラウト

セメント系グラウト以外のグラウトを用いる場合は，所要の品質および性能を有しているものを使用する。

4.3 テンドン

(1) テンドンを構成する引張り材として鋼材を用いる場合には，JIS などの

公的機関の規格および基準に適合したものを使用する。
(2) テンドンを構成する引張り材として連続繊維補強材を用いる場合には，JSCE-E 131（土木学会）に適合したものを使用する。
(3) テンドンを構成する引張り材として，(1)，(2) 項以外の材料を用いる場合には，アンカーへの適用性を検討のうえ，公的機関による認定を受けたもの，あるいは試験によってその品質が保証されたものを使用する。

4.4 定着具
(1) 定着具は，引張り材が破断する前に，破壊したり，アンカーの性能を損ねたりしない構造と強度を有するものとする。
(2) 定着具は，構造物および使用目的に適合した構造とする。

4.5 その他の材料
(1) 頭部キャップ

頭部キャップは，アンカー頭部を保護し，防食用材料の漏出防止機能と強度および耐久性を有しているものとする。

(2) 支圧板

支圧板は，定着具と構造物に適合した形状と強度を有しているものとする。

(3) シース

シースは，テンドンの組立，運搬，挿入およびグラウトの注入時に損傷しない耐摩耗性と強度，有害な物質に対する耐久性および止水性を有しているものとする。

(4) その他

その他のアンカー用材料は，アンカーの種類，使用目的に応じ，アンカーの機能に支障のない形状と材質のものとする。

第5章 防食

5.1 一般

アンカーは，構造物周辺の腐食環境，供用期間および構造物の重要度を考慮し，その供用期間中にアンカーの機能を維持できるように確実な防食を行う。

5.2 防食用材料

防食用材料としては，防食の機能が所定期間中有効なものを使用する。また，テンドンを構成するアンカー各部の機能に悪影響を及ぼさないものとする。

5.3 防食方法

(1) アンカー体部の防食は，引張り力を地盤に伝達するというアンカー体の機能を妨げない構造とする。

(2) 引張り部の防食は，シースとその他防食用材料の組合せにより行い，緊張力の変動に対して追随できる構造とする。

(3) アンカー頭部の防食は，リフトオフ試験や再緊張などの維持管理を妨げない構造とする。

(4) 引張り部とアンカー体，あるいは引張り部とアンカー頭部との境界部は，特に腐食の危険性が高いため確実な方法で防食を行う。

第6章 設 計

6.1 一般

(1) アンカーの設計においては，その目的に適合するように安全性，施工性および経済性を考慮し，周辺の構造物，埋設物などに有害な影響がないように検討を行う。

(2) アンカーの設計に際しては，原則として基本調査試験を行って，その結果を反映する。

6.2 アンカーの配置

(1) アンカー配置計画

アンカーの配置は，アンカーで固定される構造物の周辺地盤を含めた全体的な安定性，近接構造物や地中構造物への影響，地質等を考慮して計画する。

(2) アンカー傾角

アンカー傾角は，所定のアンカーが確実に造成できるように決定する。

(3) アンカー体の設置間隔

第6章 設計

アンカー体の設置間隔は，アンカーの相互作用を考慮して決定する。

6.3 アンカーの長さ

(1) アンカー自由長

アンカー自由長は，原則，最小長さを 4 m とし，土被り厚さ，構造系全体の安定等を考慮して決定する。

(2) テンドン自由長

テンドン自由長は，変形を考慮し，かつ所要の緊張力を確保できるように決定する。

(3) アンカー体長

アンカー体長は，原則，3 m 以上かつ 10 m 以下とし，地盤とグラウトの引抜き力およびグラウトとテンドンとの拘束力を考慮して決定する。

6.4 アンカー体

アンカー体は，緊張時あるいは供用中に，所要の強度，耐久性を有し，アンカー力を確実に地盤に伝達できる構造とする。

6.5 アンカー頭部

(1) アンカー頭部は，アンカー力に対して所要の強度を持ち，有害な変形を生じない構造とする。

(2) 再緊張あるいは除荷の必要性が予想される場合，アンカー頭部はそれに対応できる構造とする。

6.6 アンカー力

(1) 設計アンカー力（T_d）は，許容アンカー力（T_a）を超えないものとする。

(2) 許容アンカー力（T_a）は，以下の3項目について検討を行い，最も小さい値を採用する。

1) テンドン許容引張り力（T_{as}）

テンドン許容引張り力（T_{as}）は，テンドンの極限引張り力（Tus）およびテンドンの降伏引張り力（T_{ys}）に対して，低減率を乗じた値のうち，小さい値とする。

2) テンドンの許容拘束力（T_{ab}）

テンドンの許容拘束力（T_{ab}）は，テンドンからグラウト材への応力伝達方式やグラウト材の設計基準強度を考慮した値とする．

3) アンカーの許容引抜き力（T_{ag}）

アンカーの許容引抜き力（T_{ag}）は，アンカーの極限引抜き力（T_{ug}）を安全率で除した値とする．

6.7 定着時緊張力

定着時緊張力は，使用目的に応じ，地盤を含めた構造物全体の安定を考慮して決定する．

6.8 構造物全体の安定

アンカーされた構造物の安定性は，外的安定および内的安定について検討する．

6.9 その他のアンカー

除去式アンカーや拡孔型アンカーなどは，その原理・構造が多様であるため，設計に際しては工法独自の仕様・設計法を考慮する．

第7章 施 工

7.1 一 般

アンカーの施工は，地盤条件，環境条件，施工条件などを十分に把握して立案した施工計画書に基づき実施する．

7.2 施工計画

(1) アンカーの施工に際しては，設計仕様を満足するアンカーを造成するために，各施工段階における施工方法や施工管理方法・管理基準を定める施工計画書を作成する．

(2) 施工計画は，現場およびその周辺の安全と環境保全やアンカーの維持管理に対して配慮したものとする．

7.3 施工および施工管理

(1) アンカーの施工および施工管理は，施工計画書に基づき実施する．

(2) アンカーの施工において計画時に想定した条件と異なる事態が生じた場

合には，その原因を速やかに調査し，必要に応じて適切な対策を講じる。

7.4 材料の保管
(1) 使用する材料は，その機能を損なうことのないように保管する。
(2) 材料の保管時には，必要に応じて，材料の化学物質等安全データシートを明示する。

7.5 削孔
(1) アンカーの削孔は，設計図書に示された位置，削孔径，長さ，方向などについて，施工計画書で定めた管理値を満足するように行う。
(2) アンカーの削孔により，周辺地盤への影響が懸念される場合には，適切な方法を用いてこれを防止する。
(3) 孔口から著しい出水や土砂の噴出が生じ，アンカー体のグラウトの品質確保に支障を及ぼす状態が予想される場合には，アンカー体が完成するまでこれを防止できる適切な処置を行う。
(4) 孔内洗浄は，地盤条件や施工条件に応じて清水またはエアなどの方法により行う。
(5) 礫地盤や崖錐地盤または割れ目が多い岩盤の場合には，アンカー体のグラウトが地盤内に逸失することが懸念される。この場合には，グラウトによる事前注入などを行う。

7.6 テンドンの組立加工
(1) テンドンは，設計仕様に基づきその機能を損なわないように組立加工する。
(2) テンドンは，所定のグラウトの被りを確保し，孔の中央部に位置するように組立加工を行う。
(3) テンドンの切断は，その特性を損なわないように行う。

7.7 テンドンの取扱い
テンドンは，傷をつけたり，鋭く曲げたり，または，防食用材料を破壊したりすることのないように注意して取り扱う。アンカー体のグラウトと付着する部分のテンドンは，機能を損なうものが付着しないようにていねいに取り扱う。

7.8 テンドンの挿入と保持
テンドンの挿入は，有害な損傷や変形を与えない方法を用いて所定の位置に

正確に行い，グラウトが硬化するまでテンドンが動かないように保持する。

7.9 注 入

注入は，置換注入と加圧注入，充填注入により行われる。

(1) 置換注入

置換注入は，孔内における排水や排気を円滑に行うため，アンカーの最低部から開始することとし，その作業は，注入したグラウトと同等の性状のものが孔口から排出されるまで，中断せずに連続して行う。

(2) 加圧注入

加圧注入は，アンカー体周辺の地盤条件に応じた適切な方法を用いて実施する。

(3) 充填注入

充填注入は，自由長部の空隙充填と地山の緩みを抑えるために実施する。

7.10 養 生

アンカーは，グラウトの注入終了からテンドンの緊張までの間，ならびに定着から頭部処理までの間に，異物が付着したり，機能を損なうような変形や振動を受けないように養生を施す。

7.11 緊張定着

(1) アンカーは，グラウトが所定強度に達した後，適性試験・確認試験によって所定の試験荷重や変位特性を確認し，所要の残存引張り力が得られるように初期緊張力を導入する。
(2) アンカー頭部の定着作業は，所定の定着時緊張力が得られるように行う。
(3) 初期緊張力は，セット量を考慮して決定する。
(4) 緊張装置は，キャリブレーションしたものを使用する。

7.12 頭部処理

(1) アンカー頭部背面には，アンカー頭部およびアンカー自由長部との境界部の防食を目的として，緊張・定着前に，設計図書に示された方法で頭部処理を行う。
(2) アンカー頭部には，アンカー頭部の防食や防護を目的として，緊張・定

着後速やかに頭部処理を行う。

7.13 アンカーの除去
アンカーの除去は，各種の除去式アンカー工法に適合する方法を用いて，テンドンに作用している緊張力を完全に除荷した後に行う。

7.14 記録
アンカー維持管理の段階で必要なデータについては，記録し保存する。

第8章 試験

8.1 一般
設計に必要な諸定数などを決定するための基本調査試験，実際に使用するアンカーの性能を確認するための適性試験および確認試験を行う。

8.2 試験の計画
(1) 試験の計画
　1) 試験計画書
　　試験の実施にあたっては，その目的を満足するように十分な検討を行い，試験計画書を作成する。
　2) 安全管理
　　試験は責任技術者の管理のもと安全が確保できるように十分に留意して行う。
(2) 試験精度
試験における計測精度は，アンカーの設置条件や試験の目的に応じて決定する。
(3) 試験装置
試験に使用する加力装置は，十分なストロークを持ち，荷重を一定に保ちうるものとする。また，反力装置は，計画最大荷重に対して十分な強度と剛性を有するものとする。
(4) 試験荷重
試験荷重はテンドンの強度特性などを考慮して定める。

試験最大荷重は，何れの試験においても下記の通りとする。
　　PC鋼材：降伏引張り荷重×0.9以下
　　連続繊維補強材：極限引張り荷重×0.75以下

8.3　基本調査試験
(1) 引抜き試験

アンカーの極限引抜き力およびその挙動を把握し，アンカーの設計に用いる諸定数などを決定するために行う。

引抜き試験に用いる試験アンカーは，極限引抜き力が確認できるようにアンカーの諸元を定める。

(2) 長期試験

アンカーの長期的挙動を把握し，アンカーの設計に用いる諸定数などを決定するために行う。

長期試験に用いる試験アンカーは，実際に供用されるアンカーと同様な仕様条件で施工されたアンカーとする。

8.4　適性試験

実際に使用するアンカーを多サイクルで所定の荷重まで載荷し，その荷重－変位量特性から，アンカーの設計および施工が適切であるか否かを確認するために行う。

試験は，実際に用いるアンカーの一部から選定し，アンカー体を設置した地盤，アンカーの諸元，打設方法などを考慮し，施工数量の5％かつ3本以上とする。

8.5　確認試験

実際に使用するアンカーに1サイクルで所定の荷重まで載荷し，アンカーが設計アンカー力に対して安全であることを確認するために行う。

確認試験に用いるアンカーは，適性試験に用いたアンカーを除くすべてとする。

8.6　その他の試験

その他，上記以外の試験は，責任技術者のもとで，その目的に応じて，試験アンカー，試験装置，載荷方法，計測項目などについて十分な検討を行い，試

験計画を立てて実施する。

第9章　維持管理

9.1　一般

アンカーは，点検・調査等を計画的に実施し，当初の機能を持続させなければならない。点検は定期的に行うことを基本とするが，豪雨などの異常気象あるいは地震が発生した場合は，必要に応じて速かに点検を行う。

点検の結果，必要と判断されれば健全性調査を行い，健全性に問題があるアンカーには適切な対策を講じる。

9.2　アンカーの点検

(1) 点検項目

点検項目は，現地の状況を考慮して決定する。

(2) 点検の期間と頻度

点検は継続して行う必要があり，その頻度はアンカーの使用目的・用途・周辺の状況などを考慮して決定する。

(3) 点検結果の評価

点検結果については記録に残し，それを評価することによって，さらに詳細な健全性調査が必要かどうかを判断する。

9.3　アンカーの健全性調査

(1) 調査方法

調査項目と方法は，対象となるアンカーの状態や現場条件などを考慮し決定する。

(2) 調査結果の評価

調査結果から健全性を評価することによって，対策の必要性および方法を検討する。

9.4　対策

対策は，耐久性の向上対策，補修・補強，更新などの目的を明確にし，計画を立案し実施する。

9.5 記　録

点検・健全性調査・対策に関する維持管理記録は，アンカーの供用期間中保存する。

「グラウンドアンカー設計・施工基準」解説

第1章 総則

1.1 適用範囲

本基準は，地盤中に造成されるグラウンドアンカー（以下，単にアンカーということがある）の計画・調査・設計・施工・試験・維持管理に適用する。

【解説】

グラウンドアンカーとは，作用する引張り力を適当な地盤に伝達する機能をもったシステムで，本基準で取り扱うアンカーの基本的構造は，**解説図-1.1**に示すアンカー体，引張り部，アンカー頭部から構成されている。

グラウンドアンカーの計画・調査・設計・施工・試験・維持管理の各段階の実施においては，当該分野での経験と知識を要求されることから，当該分野における資格を有した施工者や専門知識を有した技術者による監督が必要となる。したがって，本基準・同解説が，経験を有した専門家の知識に取って代わることはできない。

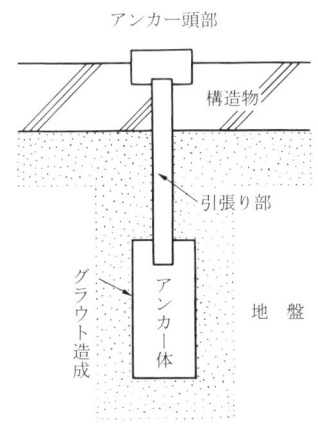

解説図-1.1 アンカーの基本要素

本基準に取り上げたアンカーのほかには，ロックボルト，アンカーボルト，タイロッド，沈設アンカーなどのように類似したものがあるが，設計の考え方が基本的に異なっているので，本基準では取

り扱わない。

　本基準・同解説は，アンカー技術に関する原則を確立し，定義するものである。したがって，アンカーシステムが本基準・同解説で定義された原則に従わないところでは，当該システムを使用し管理する担当者と責任技術者による承認によって取り扱われる。

1.2 記　録

　計画・調査・設計・施工・試験・維持管理の各段階における記録とその保存については，各段階における責任技術者と管理者が行なう。

【解説】

　アンカーの機能を維持するためには，当該アンカーに関する正しい情報をもとに維持管理する必要がある。各段階の責任技術者は，項目を整理し，その諸資料を記録に残す責任を負い，アンカーの管理者が保存する責任を負う。

第2章　用語・記号

2.1　用　語

本基準で用いる主な用語は次のように定義する。

（1）グラウンドアンカー

グラウンドアンカーとは，作用する引張り力を地盤に伝達するためのシステムで，グラウトの注入によって造成されるアンカー体，引張り部，アンカー頭部によって構成されるものである。

（2）除去式アンカー

除去式アンカーとは，供用後にテンドンあるいはその一部を撤去することが可能なものをいう。

（3）アンカー体

アンカー体とは，グラウトの注入により造成され，引張り部からの引張り力を地盤との摩擦抵抗もしくは支圧抵抗によって地盤に伝達するために設置する抵抗部分をいう。

（4）引張り部

引張り部とは，アンカー頭部からの引張り力をアンカー体に伝達するために設置する部分をいう。

（5）アンカー頭部

アンカー頭部とは，構造物からの力を引張り力として引張り部に伝達させるための部分をいい，定着具と支圧板からなる。

【解説】

本基準で定める対象の用語として英語表記では，"Ground Anchorage"が広く用いられているが，「グラウンドアンカー」を日本語の用語として定め，グラウンドアンカーあるいはその一部であることが明らかな場合には，単に「アンカー」と呼んでよいこととした。

本基準におけるグラウンドアンカーは，地盤と岩盤とを対象として，**解説図-1.1**のように，アンカー体，引張り部，アンカー頭部によって構成され，アンカー体はグラウトによって造成されるものと定義した。

以下，本基準における用語として，アンカーを構成する部材，アンカーの設計・施工に用いる寸法・角度，試験の名称，アンカーに作用する荷重に関するもの等を定義している。

---

(6) テンドン

テンドンとは，引張り力を伝達する部材として組み立てられたものをいう。

(7) 定着具

定着具とは，テンドンをアンカー頭部で定着させる部材をいう。

(8) 支圧板

支圧板とは，定着具と台座あるいは構造物との間に設置される部材をいう。

(9) 頭部キャップ

頭部キャップとは，アンカー頭部の保護と防食のために，これを覆うものをいう。

(10) 拘束具

拘束具とは，テンドンの変位を拘束あるいは抑制し，テンドンに加わる引張り力をアンカー体のグラウトに伝達するために使用する部材をいう。

(11) グラウト

グラウトとは，テンドン内部および地盤とテンドンとの空隙を充填する主要な注入材あるいは注入材が固化したものをいう。

(12) アンカー体注入

アンカー体注入とは，アンカー体を地中で造成するために行うグラウトの注入をいう。

(13) 充填注入

充填注入とは，アンカー体の造成が終了した後に行うグラウトの注入をいう。

【解説】

　テンドンとは，引張り材を加工あるいは組み立てたもので，アンカー頭部からアンカー体までの引張り力を伝達する部材をいう。引張り材には，通常，PC鋼線，PC鋼より線，PC鋼棒などの鋼材や，コンクリート補強用材料である連続繊維補強材などが用いられている。

　テンドンは一般に構造物を貫通して設置されるが，定着具は地盤と反対側にあるテンドンの端部付近に取り付けられ，構造物からの引張り力を受け止めてテンドンに伝える機能をもつ。一般にくさび定着方式あるいはナット定着方式の定着具が用いられている。支圧板は，定着具から集中的に加わる力によって台座や構造物に過大な支圧応力が発生しないように，力を分散させて伝達するために設置するもので，一般に鋼材が用いられている。

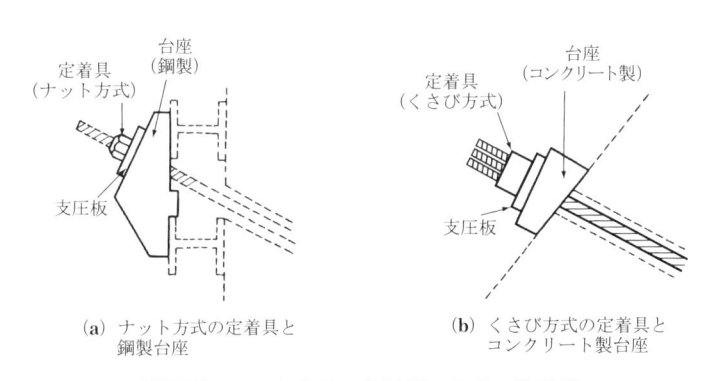

解説図-2.1　定着具，支圧板，台座の使用例

（a）ナット方式の定着具と鋼製台座
（b）くさび方式の定着具とコンクリート製台座

　頭部キャップは，アンカー頭部の定着具を覆うものであって，その目的は，定着具が工事用機械や落石などと直接衝突しないように保護すること，ならびにその内部に防食用材料を充填して定着具の防食をはかることにある。このため，防食用材料が充填でき，かつ点検時などに取り外しが可能な構造となっている。拘束具は，アンカー体におけるテンドンとグラウトとの付着抵抗による荷重伝達以外の荷重の伝達方法，例えば支圧抵抗などを付加するためにテンドンに取り付ける部材をいい，テンドンの変位を拘束あるいは抑制する構造と強度を有したものが用いられている。

アンカー体注入は，地中でアンカー体を造成するために行なうグラウトの注入であり，テンドンを収めたアンカー体のシース中あるいは拘束具内に地上でグラウトを注入することは，これに含めない。また充填注入は，アンカー施工後における引張り部の周辺地盤の緩みを防ぐことを目的として，引張り部周りの空隙にグラウトを注入することである。

(14) アンカー長 (l_A)

アンカー長とは，アンカー全体の長さをいい，アンカー体長とアンカー自由長よりなる。

(15) アンカー体長 (l_a)

アンカー体長とは，地盤に対して力の伝達が行われているアンカー体の長さをいう。

(16) アンカー自由長 (l_f)

アンカー自由長とは，アンカー頭部のテンドン定着位置からアンカー体までの長さをいう。

(17) テンドン長 (l_s)

テンドン長とは，テンドンの全長をいい，テンドン拘束長，テンドン自由長および余長よりなる。

(18) テンドン拘束長 (l_{sa})

テンドン拘束長とは，テンドンに加わる引張り力をアンカー体のグラウトに伝達させるために必要な部分のテンドンの長さをいう。

(19) テンドン自由長 (l_{sf})

テンドン自由長とは，アンカー頭部に作用する引張り力をアンカー体まで伝達させる部分のテンドンの長さをいう。

(20) 削孔長 (l_B)

削孔長とは，アンカー設置のための実際に削孔する全長をいう。

(21) 削孔径 (d_B)

削孔径とは，削孔ビットの公称直径をいう。

(22) 拡孔径（d_E）

拡孔径とは，削孔径を拡大する場合，あるいはアンカー体径を拡大する場合，その公称拡孔直径をいう。

(23) アンカー体径（d_A）

アンカー体径とは，アンカー体の公称直径をいう。

【解説】

　アンカー長，アンカー体長，アンカー自由長，テンドン長，テンドン拘束長，テンドン自由長は，地盤に設置されたアンカーおよび組み立てられたテンドンの寸法を示す用語として定義している。また，アンカーの径に関して，削孔径，拡孔径，アンカー体径を定義している。

　拡孔径は，削孔によって部分的に孔径を拡大する場合のほか，アンカー体を形成するときに特定の孔径に拡大することが可能なメカニズムを持っている場合も含むものとする。ただし，アンカー体グラウトの加圧時に不確定の大きさに拡大した孔径は拡孔径と呼ばない。アンカー体径は，削孔径または拡孔径とし，いずれも直径の公称寸法とする。

　それぞれの寸法を示したアンカーのモデル図を**解説図-2.2**に示す。

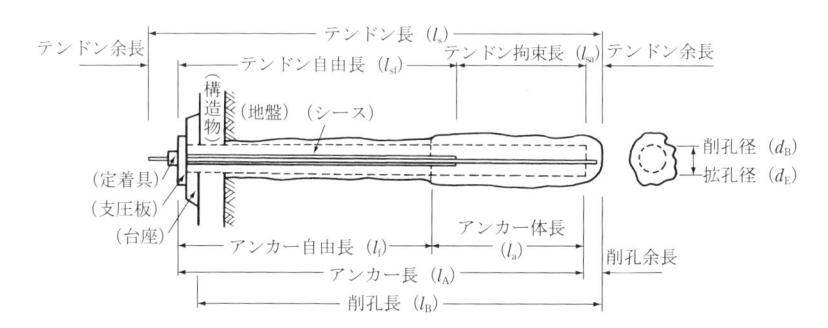

解説図-2.2　アンカーおよびテンドンの長さと径を示す用語

(24) アンカー傾角（α）
アンカー傾角とは，アンカー打設方向と水平面のなす角をいう。
(25) アンカー水平角（θ）
アンカー水平角とは，アンカー打設方向と構造物の基準とする鉛直面のなす角をいう。

【解説】
アンカー傾角・水平角の概念図を**解説図-2.3**に示す。

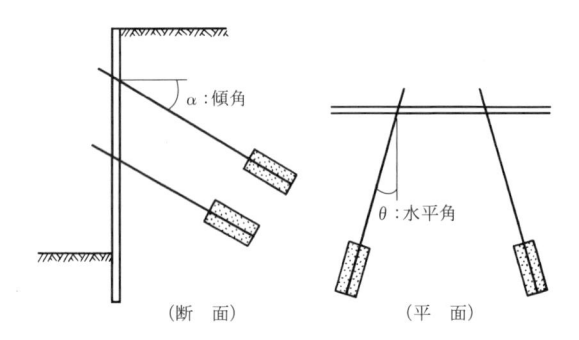

解説図-2.3 アンカー傾角・水平角

(26) 防食
防食とは，アンカー部材の腐食の発生や進行を防ぐことをいう。

【解説】
本基準における防食とは，アンカー部材の腐食を防止する措置をアンカーの供用される環境や使用される材料の特性に応じて施すことである。工場等における防食の措置が適切で，その後の鋼材の運搬，加工，設置などの施工から供用期間を通じて防食が維持できると責任技術者が判断した場合には，これに重ねて防食の処理を行う必要はない。

(27) アンカー力（T）

アンカー力とは，アンカーからアンカー体設置地盤に伝達されている力をいう。

(28) 極限アンカー力（T_u）

極限アンカー力とは，アンカーが終局限界状態になる力をいい，テンドンの極限引張り力，テンドンの極限拘束力およびアンカーの極限引抜き力のうち，最も小さい値で決まる。

(29) テンドンの極限引張り力（T_{us}）

テンドンの極限引張り力とは，テンドンに用いる鋼材などの JIS に定められた最大試験力などから求めた引張り力に相当する値をいう。

(30) テンドンの極限拘束力（T_{ub}）

テンドンの極限拘束力とは，テンドンあるいはテンドンに取り付けた拘束具とアンカー体のグラウトとの間に生じる付着，摩擦もしくは支圧による抵抗が終局限界状態になる値をいう。

(31) アンカーの極限引抜き力（T_{ug}）

アンカーの極限引抜き力とは，地盤とアンカー体との間に生じている付着，摩擦もしくは支圧による抵抗が終局限界状態になる値をいう。

(32) テンドンの降伏引張り力（T_{ys}）

テンドンの降伏引張り力とは，テンドンに用いる鋼材の JIS に定められた 0.2% 永久伸びに対する試験力などから求めた引張り力に相当する値をいう。

(33) 許容アンカー力（T_a）

許容アンカー力とは，テンドンの許容引張り力，テンドンの許容拘束力およびアンカーの許容引抜き力のうち最も小さい値をいう。

(34) テンドンの許容引張り力（T_{as}）

テンドンの許容引張り力とは，テンドンの極限引張り力またはテンドンの降伏引張り力にそれぞれの低減率を乗じたもののうち小さい値をいう。

> (35) テンドンの許容拘束力（T_{ab}）
> テンドンの許容拘束力とは，テンドンの極限拘束力を安全率で除した値をいう。
> (36) アンカーの許容引抜き力（T_{ag}）
> アンカーの許容引抜き力とは，アンカーの極限引抜き力を安全率で除した値をいう。
> (37) 設計アンカー力（T_d）
> 設計アンカー力とは，設計に用いる引張り力をいう。

【解説】

アンカー力とは，アンカーに加わっている荷重でなく，アンカーから地盤に伝達されている力を指す。

極限アンカー力とは，アンカーに終局限界状態，すなわち，テンドンが切断するか，テンドンがアンカー体から抜け出すか，あるいはアンカー体が地盤から抜け出す状況になる力である。よって，テンドンの極限引張り力，テンドンの極限拘束力，およびアンカーの極限引抜き力のうち，最も小さいものが極限アンカー力である。同様に，テンドンの許容引張り力，テンドンの許容拘束力，およびアンカーの許容引抜き力のうち，最も小さいものが許容アンカー力となる。

設計アンカー力とは，アンカーの設計用荷重と，設置間隔，打設角度等によって求められる引張り力をもとに設計者が定めるアンカー力をいい，これを用いてアンカーおよびアンカーされる構造物の設計を行う。アンカーの設計では，許容アンカー力が設計アンカー力を上回るように，アンカーの諸元を決定する。

> (38) セット量
> セット量とは，アンカーを定着する時に，テンドンが頭部定着部において引き込まれる長さをいう。

(39) 初期緊張力（P_i）

初期緊張力とは，アンカーの緊張・定着作業を行う時にテンドンに与える引張り力をいう。

(40) 定着時緊張力（P_t）

定着時緊張力とは，アンカーの緊張・定着作業が終了した時にテンドンに作用している引張り力をいう。

(41) 残存引張り力（P_e）

残存引張り力とは，アンカーの供用時にテンドンに作用している引張り力をいう。

(42) リラクセーション

リラクセーションとは，テンドンのひずみを一定に保持したとき，応力または緊張力が時間とともに減少する現象をいう。

(43) クリープ

クリープとは，静的かつ一定の引張り力がテンドンに作用している状態で，時間とともにテンドンの伸びおよび地盤の変位が進行する現象をいう。

【解説】

定着時緊張力とは，定着が完了した直後にテンドンに作用している引張り力の大きさであり，あらかじめ設定した荷重になるように緊張定着を行なう。一般には初期緊張力から定着具の締込みに伴うセット量に相当する荷重の損失を差し引いた値になる。

残存引張り力は，アンカーの供用時に作用しているテンドンの引張り力のことであり，通常，クリープやテンドンのリラクセーション，あるいは斜面・のり面や構造物の変位によって，時間とともに減少・増加する。アンカーの維持管理においては，残存引張り力を監視し，コントロールすることが必要となる。

> (44) 基本調査試験
> 　基本調査試験とは，アンカーの設計に必要な設計定数を決定するための試験をいう。
> (45) 適性試験
> 　適性試験とは，施工されたアンカーの設計および施工が適切であるか否かを調べるための試験をいう。
> (46) 確認試験
> 　確認試験とは，施工されたアンカーが，設計アンカー力に対して，安全であることを確認するための試験をいう。

【解説】

　基本調査試験は，アンカーの設計に用いる諸定数などを決定するために実施する試験で，地盤に対する極限引抜き力とその挙動を把握する引抜き試験と，地盤に対するアンカーの長期的挙動を把握する長期試験からなる。

　適性試験および確認試験は，実際に利用するアンカーに対して所定の荷重を加えて挙動を計測することにより，その品質が適切かつ安全であることを確認するために実施するものである。

> (47) 責任技術者
> 　責任技術者とは，構造物の所有者，発注者，設計者，施工者および維持管理者，あるいは所定の手続きによって業務を代行する技術者のうち，アンカーに関するそれぞれの段階で常時管理または監督する立場にあるものをいう。

【解説】

　アンカーの工事は独立して行なわれることが少なく，全体の工事の一部として実施されることが多い。そのため，管理者のアンカーに対する知識が少なければ，諸問題が発生した場合でも的確な対応ができない可能性がある。そこ

で，構造物の所有者，発注者，施工者，維持管理者のそれぞれの立場にある者が正しくアンカーの技術を理解するか，あるいは適切なエキスパートの助言を得て正しく問題を処理することができるように，責任技術者を定めたものである。もちろん，現場で直接アンカーを施工する担当者の中には，熟練したものが含まれることが必要である。

2.2 記 号

A_s ：テンドン断面積
a ：アンカー体間隔
b ：アンカー頭部間隔
d_A ：アンカー体径
d_B ：削孔径
d_E ：拡孔径
l_A ：アンカー長
l_a ：アンカー体長
l_B ：削孔長
l_f ：アンカー自由長
l_s ：テンドン長
l_{sa} ：テンドン拘束長
l_{sf} ：テンドン自由長
P_e ：残存引張り力
P_i ：初期緊張力
P_t ：定着時緊張力
q ：単位面積当たりの支圧抵抗

T ：アンカー力
T_a ：許容アンカー力
T_{ab} ：テンドンの許容拘束力
T_{ag} ：アンカーの許容引抜き力
T_{as} ：テンドンの許容引張り力
T_d ：設計アンカー力
T_0 ：初期荷重
T_p ：計画最大荷重
T_t ：最大試験荷重
T_u ：極限アンカー力
T_{ub} ：テンドンの極限拘束力
T_{ug} ：アンカー極限引抜き力
T_{us} ：テンドンの極限引張り力
T_{ys} ：テンドンの降伏引張り力
α ：アンカー傾角
θ ：アンカー水平角
τ ：単位面積当たりの周面摩擦抵抗
τ_b ：テンドンとグラウトとの付着応力度

第3章　計画・調査

> 3.1　一　般
> （1）アンカーの実施にあたっては，アンカーの特性を踏まえたうえで，計画および調査を行う。
> （2）アンカーおよびアンカーされる構造物の安全性，アンカーの施工性，アンカーの維持管理などについて十分に検討し計画を行う。
> （3）アンカーの設計，施工，維持管理などに必要な資料を得るため調査を行う。

【解説】
（1）アンカーの実施にあたっては，アンカーの目的，アンカーの重要度，アンカーの供用期間などを考慮し，以下に示すような特性について十分な理解をしたうえで，計画および調査を行う。

1）アンカーを設置する地盤は一般に地質・土質の性状の変化に富むが，アンカーの極限引抜き力や長期の安定性などは，地盤性状に大きな影響を受ける。

2）アンカーは高応力下で供用されていることから，予想以上の付加的な外力や腐食の影響により急激に破断する場合がある。テンドンが破断すると，頭部の落下やテンドンの突出現象が発生し，これにより周囲に影響を及ぼす。

3）アンカーはアンカー体周面摩擦抵抗や地盤の支圧抵抗によって，アンカーの引抜き抵抗力を期待するものである。したがって，同一形状のアンカーであっても地盤性状や施工方法の違いによって，極限引抜き力などに大きな差異を生じる。

4）アンカー体の造成は地中で行われ，またアンカーの主要部は地中に設置されるので，アンカーの施工後は，グラウトやテンドンなどの主要な構造体の品質を直接確認できない。

（2）アンカーの目的に応じ計画段階で十分な検討を行い，必要な調査を計

画する．検討では以下の事項を考慮する．

1）アンカーの試験や初期緊張力の導入によって，地盤やアンカーされた構造物が変形し，アンカー周辺に影響を与えることがある．

2）アンカーを群として使用する場合には，単独のアンカーの安定性だけでなく，複数のアンカーを包含する土塊や，アンカー群と構造物とによって構成される領域全体の安定性について検討が必要である．

3）削孔時の孔壁の保持，適切なアンカー体設置位置の確認，確実なグラウトの注入とアンカー体の造成，確実な防食構造の加工などにおける施工技術の優劣が，引抜き力や長期の安定性などアンカーの品質に大きな影響を与える．

4）アンカーは高応力下で供用され，地下水の影響を受けること，屋外で供用されることが多いことなどから，供用期間中は腐食に対して安全性が確保できる防食構造とするか，腐食しない材料を用いることが要求される．

5）アンカー設置後の時間の経過とともに起こる残存引張り力の減少および腐食の進行などに対応するために適切な維持管理を行わねばならない．

（3）アンカーの品質や施工性などは地盤性状に大きな影響を受け，またアンカーの設置は周辺へ影響を及ぼす．アンカーを合理的に計画し，適正に設計，施工，維持管理するためには周辺環境，地盤状況，地下水状況などの調査が重要である．特に，不均一，不均質な自然地盤へアンカー体を設置し，大きな引抜き力を期待するような場合，設置地盤に関する詳細な調査は重要である．

3.2　計画

アンカーの計画では，次の事項について技術的検討を行う．
1）アンカーの目的や施工性に応じたアンカーの形式
2）アンカーされる構造物，周辺地盤，近接構造物などの変位と安定
3）アンカーの目的，供用期間および環境条件に応じた防食構造
4）アンカーの目的，規模などの諸条件に応じた，試験の方法と実施時期
5）アンカー設置地盤の長期にわたる安定性
6）アンカーの維持管理方法

【解説】

　以下に示す事項は，高品質のアンカーを築造し，供用していくうえで重要であり，設計や施工段階で検討したのでは，手戻りが生じることも考えられる。このため計画段階において技術的検討を加えアンカー採用の適否を判断する。

　1）アンカーの目的，地盤状況，施工性および維持管理の容易さに応じて最適なアンカーの型式を選定する。

　2）アンカーは緊張力によって地盤の変位を防止し，安定性をはかる工法であるが，適性試験と確認試験において緊張力を加えた場合や定着時緊張力を導入した時点で，緊張前と比較して構造物や地山に大きな変形を生じることがある。したがって構造物やアンカー周辺構造物および地中埋設物等への変形による影響についてあらかじめ十分検討する。

　3）アンカーは一般に高応力下で供用されることから，テンドンの腐食が急激に進むことがある。また，頭部の腐食は定着具の破壊に直接つながるなど，アンカーの耐久性に最も影響を与える事象の一つである。さらに，屋外や地下水の存在する環境に設置されることが多く，常に一定の腐食環境にさらされるのが一般的である。したがって，適切な防食を行うか腐食しない材料を用いることが必要となる。

　アンカーの防食については，テンドンや頭部などに使用される鋼材その他の材料だけでなく，グラウトの劣化についても考慮する。

　アンカーの計画では腐食環境の調査に基づき，あらかじめアンカー採用の適否を判断したうえで，アンカーの目的，重要度，供用期間および腐食環境に適したアンカー型式およびその防食構造を検討する。

　4）基本調査試験や適性試験は，アンカーの設計に必要な諸定数を得たり，施工後のアンカーの品質を確認するために必要かつ重要な試験であり，アンカーの目的や施工量に対して適切な数量で適切な時期に実施できるよう，計画段階において検討する。

　特にアンカーの主要部は地中に造成されるので，直接的な観察による施工管理ができないことから，適性試験と確認試験は，アンカーの品質確認のために欠かせない試験である。

5）アンカーは，供用期間中アンカーが健全であるとともに，アンカー体を設置している地盤が安定であることが重要である。

　一般に，有機質土層，粘性土，密度の小さい砂質土，粘土化しやすい地質などにアンカーを設置すると残存引張り力が低下する。このような地盤では，クリープや地盤の圧密などによる緊張力の低下について十分な検討を行ったうえでアンカー工の採否について判断し，必要に応じて長期試験を実施する。

　また，鉄道や道路交通などの振動による動的影響が，長期にわたることが予想される場合は，計画においてその影響を考慮する。

6）一般にアンカーの残存引張り力は時間の経過とともに減少する。また，テンドンや定着具などの腐食はアンカーに致命的な影響を与えることとなる。さらに，斜面安定対策などに用いた場合には，長期的には設計外力の変化もありうる。

　したがって，長期間供用するアンカーについては，アンカーの維持管理が特に重要であることから，計画段階で維持管理方法について検討するとともに，維持管理を考慮したアンカーの形式についても検討することが望ましい。

　特に計画段階で十分な検討が必要なアンカーは下記のものがある。具体的な検討内容については，**付録 3-1** に詳述してある。

　　・30 m 以上の長いアンカー

　　・設計アンカー力が 1,000 kN 以上の大きなアンカー

　　・被圧水の影響が懸念されるアンカー

　　・第四紀の火山地帯や酸性岩類の地盤に設置するアンカー

　　・アンカー体を軟弱地盤に設置するアンカー

　　・除去式アンカー

3.3　調　査

（1）一般調査

　一般調査は，主に地形，土地利用の状況，近接する構造物，埋設物，気象条件，施工に関連する事項などについて行う。

（2）地盤調査

　地盤調査は，アンカーおよびアンカーされる構造物によって影響を受ける範囲について，地盤の地質学的構成及び工学的特性，地下水の状況，腐食環境などについて行う。

（3）基本調査試験

　アンカーの設計に用いる地盤の極限摩擦抵抗を調べるために引抜き試験を行う。また，必要に応じて，アンカーの長期安定性を調べるために長期試験を行う。

【解説】

（1）一般調査

　アンカーの実施にあたって行う調査のうち地盤調査以外の調査を一般調査という。

　計画や設計にあたっては，地形，埋設物や近接する構造物の位置，交通振動の影響，温泉地帯などの腐食環境条件を調査する。寒冷地では凍上・凍結の影響あるいは積雪量や雪崩の可能性などの調査が必要である。

　また，施工にあたっては，上記のほかに，周辺の土地利用状況，電力や用水の調達，機械や資材の搬入，廃棄物の処理，排水状況，削孔時の騒音・振動，グラウト時の地下水汚染，地盤の持上げなどによる周辺への影響などについて調査し，適切な施工計画を立て，確実な施工を行う。

　さらに，維持管理を計画するために，埋設物や近接する構造物とアンカー設置位置との関係，腐食環境の状況と変化の見通しなどを調査する。

　近隣での施工例や，設計・施工条件の類似した実施例は極めて有益であるので，入手可能な既存資料を収集し精査する。

　一般調査の実施内容を以下に示す。

1）文献による調査（過去の切土・盛土などの施工記録，斜面崩壊などの履歴）

2）隣接構造物の状況とそれに対する影響度調査（構造物の変位，アンカー体設置地盤との関係）

3）地下埋設物調査（水道・ガス・電線，その他ライフラインなどの位置および影響）

4）周辺環境調査（削孔や車両運行による騒音・振動の影響，温泉地・地中迷走電流などの腐食環境）

5）施工条件の調査（資機材の搬入搬出条件，用排水・電力などの調達条件，他工事との工程調整）

(2) 地盤調査

アンカーの設置地盤に関する調査を地盤調査という。地盤調査は，アンカーの施工規模や地質の変化の程度に応じて，調査の密度を高める。

地盤調査には，地表踏査，リモートセンシング，サウンディング，調査ボーリング，原位置試験，室内試験などがある。

地盤調査の結果は，施工時に調査内容と実施工データが対比できるように，整理・保存しておく（**付録3-2参照**）。

アンカーの計画，設計，施工，維持管理にあたって必要な主な地盤調査の内容を以下に示す。

1）腐食に関する調査

周辺環境調査や地質調査により，テンドンの腐食やグラウトに悪影響を与える環境と判断した場合は，必要に応じて腐食に関する調査を行い，アンカーの採否とアンカーに使用するそれぞれの材料ごとに必要な防食対策の検討資料とする。

腐食を促進させる環境としては，温泉地，鉱滓捨て場，石炭殻捨て場，工場廃棄物捨て場，鉄道沿線などの迷走電流の存在する場所などがある。

このような環境においては，一般に地盤や地下水のpH，酸度，比抵抗値，嫌気性硫酸塩還元バクテリアの繁殖度などが通常の環境に比べて異常な値を示すことが多く，腐食作用の程度は，これらの諸数値を測定することにより推定することができる。これらの地盤以外にも鋼材やセメント系グラウトの品質を損なう可能性のあるものとして，遊離炭酸，アンモニアなどを多く含有する地盤がある。

2）設計アンカー力を求める調査

　設計アンカー力の対象となる外力としては，土圧，地すべり力，地下水による揚圧力，地震力，風荷重などがある。これらのうち土圧や地すべり力を求めるために，地盤の構造とそれを構成する各地層の強度定数や地下水位，間隙水圧，透水性など地下水に関する情報を用いる。

　調査の方法としては，地表踏査や調査ボーリングがあり，各種物理探査，ボーリング孔を利用した物理検層なども有効である。

　その際，堆積環境や地質年代区分等にも留意した地質構造的判断も加えて，地盤全体の性状を判断する。また，アンカーを斜面安定に用いる場合には，斜面移動の履歴や斜面に対するアンカーの設置位置などが設計アンカー力に影響を及ぼすので，滑落崖など概括的な地形にも十分注意する。

3）アンカー体の設置位置を求める調査

　アンカー体の設置位置は，アンカー供用期間中安定している地盤とするが，地盤の性状については，一般に文献調査とともにボーリング調査などから求める。我が国の地質は一般に複雑であり，数点のボーリングによって，広い範囲の地盤の状態を推定することは困難である。したがって，地盤性状に応じて密度の高い調査を行ってアンカー体の設置位置を決定するとともに，施工時に削孔スライムやトルクなどの削孔データと地盤調査結果（**付録3-2参照**）とを照合して，アンカー体設置地盤として適切であることを確認することが重要である。

　また，アンカー体の設置位置は，単に個々の地層の強度に着目するだけでなく，地盤全体の構造上からも十分信頼できる位置とする。

　設置位置はすべり面ないし崩壊面より深い位置で，かつ所要の引抜き抵抗が得られる地盤とし，群アンカーの場合にはさらに一連のアンカー群を包含する地盤全体の安定が得られる位置とする。

4）アンカーの極限引抜き力を推定するための調査

　極限引抜き力は，本工事の条件にできる限り近い条件のもとで引抜き試験を行って求めることが望ましいが，極限引抜き力の算定に用いる周面摩擦抵抗については，標準貫入試験，室内土質試験，孔内水平載荷試験などの数値をもと

に，過去の引抜き試験結果を用いて概略値を推定することもできる。このような調査の試験値から周面摩擦抵抗を推定する場合には，施工方法，地下水ならびにアンカー体位置における地中応力（土被り等）の影響などを考慮する。

5) 反力体の設計のための調査

アンカーを地盤に固定し，アンカー力を地盤に伝える支圧ブロック，法枠，受圧板などの反力体は，著しい変形や沈下を起こさないように設計する。設計にあたって必要な反力体に接する背面土の地盤反力係数等の値は，N値からの換算あるいは平板載荷試験や孔内水平載荷試験によって求めている。

6) 施工性に関する調査

アンカーの施工性には，地盤の地質や地下水の状況，地形，作業空間，騒音振動等の環境上の制約のほか，削孔深度と孔径，工期等の条件が影響する。特に地質と地下水の状況はアンカーの品質にも関連することから十分な調査を行う。また，以下に示す施工条件の厳しいアンカーでは，削孔やグラウトの注入が困難になることもありうるので，類似の施工例を十分調査するとともに，必要に応じて試験施工を行い，使用機器の選定や，その施工方法の適否を確認することが極めて有効である。

① 非常に硬い巨礫や岩盤を貫通するアンカー
② 厚い礫層を貫通するアンカー
③ 亀裂の多い岩盤に設置するアンカー
④ 粘土化や風化の著しい岩盤に設置するアンカー
⑤ 高被圧地下水下に設置するアンカー

7) 地下水の調査

計画で記述したように地下水位が高い場合，被圧地下水がある場合，あるいは逆に透水性が大きく逸水があるような地盤の場合は，グラウトの充填が不十分になったり，予想外の注入量を要したりする場合があり，事前注入や特殊なグラウトを使用するなどの対応が必要となることがある。

また，これらの地盤では，被圧地下水の湧出や地盤の緩みなどが原因となって，削孔において孔壁の保持が困難な場合やアンカー体の造成が不確実となる場合がある。

したがって，透水性が大きいと予想される場合や，湧水がある場合には，ボーリング孔を利用して，透水性，地下水位，孔壁の強度などに関する調査を行う。

なお，地下水は，アンカーの施工性や極限引抜き力などに影響するだけでなく，設計アンカー力の算定にとっても重要な要素であるので，水圧の分布，透水性ならびに動水勾配等の調査が必要となることがある。

調査時に逸水が激しい場合は，アンカー体設置地盤となる地層についてルジオン試験等を実施して透水性能を把握しておくと対策工の選定に有用である（**付録 3-3** 参照）。

さらに，被圧地下水が存在し，孔口から湧出する場合は，施工のみならず，アンカー頭部付近に地下水が浸入するなど，防食にも影響を与えることがある。

なお，ボーリングデータに示された地下水位は調査時のものである。地下水位は季節変動があり，観測時の累積降雨等にも影響を受ける。このため調査時期や観測日までの降雨状況を勘案し設計に用いる水位を決定する必要がある。地下水位が高い法面などでは地下水位を下げるといった事前の対策はアンカーの施工にとって有効である。

（3）基本調査試験

基本調査試験には引抜き試験と長期試験がある。下記の点に考慮して調査を検討する。なお，具体的な試験方法については，第8章試験に詳述している。

1）引抜き試験

アンカーの設計では，地盤の極限摩擦抵抗や極限支圧抵抗を設定する必要がある。このため計画時に，ボーリング調査と同時に引抜き試験を実施するのが良い。

拡孔型アンカー等特殊なアンカーを計画する場合には，データの蓄積が少なく抵抗値を適切に推定することは困難であることが多い。このような場合には引き抜き試験を実施して設計に反映させる事が望ましい。

2）長期試験

長期試験は，重要な構造物に計画されるアンカーの残存引張り力の減少傾向

を推定するために実施される。

この調査は残存引張り力を設定荷重以上に保つ必要があるアンカー等に実施されるもので一般のアンカーでは実施しなくても良い。

3.4 記録の保存
アンカーの計画・調査に関する諸資料は，設計・施工，維持管理に資するため，責任技術者が保管する。

【解説】

計画，調査に関する諸資料は，アンカーの設計，施工，維持管理上重要であるので，記録責任者を明示して記録し，期間を定めて責任技術者が保存する。特に供用期間が長いアンカーの下記のデータは維持管理に必要なため，その供用期間中保存する。

　　・調査ボーリング位置
　　・柱状図，地質横断図
　　・アンカー体設置地盤情報総括表（**付録表-3.1** 参照）

なお，アンカーカルテが整備されている斜面や構造物では，アンカーカルテに可能な限り詳細なデータを記録し維持管理に利用する。

第4章 材　料

4.1 一　般

（1）アンカーの材料は，JISなど公的機関の規格により保証されているものか，もしくは所要の品質や性能を有していることを確認したものとする。

（2）アンカーの材料を組み立てる場合には，各材料は他の材料に悪影響を与えないことを確認したものを使用する。

【解説】

（1）アンカーはアンカー体，引張り部，アンカー頭部のそれぞれにおいて，設計・施工・維持管理上必要な機能と性能を満足する材料が要求される。

使用する材料はJISや関連学協会の示方書[1]〜[4]などに示されたものから，責任技術者の判断により採用する。それ以外の材料を使用する場合は，品質，性能，施工性などを確認したものを使用する。

引張り材をテンドンとして加工するとき，ねじ切り加工による断面欠損，曲げ加工や熱加工によって材質変化が予想される場合は，引張り材のJIS規格値や保証耐力をそのまま用いることはできない。このような特殊加工を行った場合には，引張り試験などによって耐力を確認する。

連続繊維補強材のテンドンとしての加工は，工場加工によるものとする。ただし，工場加工ができない場合は，工場加工に準じた設備を用いて行う。

配合方法や経過時間等の施工上の要因で強度が変化する材料は，その特性を確認し選定する。

（2）アンカーに使用する材料はグラウト，テンドン，定着具，防食用材料，その他の材料などで，相互に性質の異なった材料間の付着や接触がある。また，引張り材やグラウトは，一般に高い応力状態で使用されている。したがって，アンカーの材料を組み立てる場合には，供用期間中や補修する際に，用い

る材料が互いに悪影響を与えないことを確認したものを使用する。

4.2 グラウト
（1）セメント系グラウト
1）セメント
　セメントはJISなどの規格および基準に適合したポルトランドセメントを用いることを標準とする。
2）練混ぜ水
　練混ぜ水は，グラウト，テンドンなどに悪影響を及ぼす油，酸，塩類，有機物，その他の物質の有害量を含まないものとする。
3）細骨材
　細骨材は，良質で適当な粒度を持ち，ごみ，泥，有機不純物，塩化物などの有害量を含んでいないものとする。
4）混和材料
　混和材料は，JISなどの規格および基準に適合したものを使用する。
（2）その他のグラウト
　セメント系グラウト以外のグラウトを用いる場合は，所要の品質および性能を有しているものを使用する。

【解説】
　（1）アンカーに使用するセメント系グラウトにはセメントペーストまたはモルタルがある。グラウトは，確実なアンカー体を形成し，テンドンを腐食から保護するとともにアンカー力を設置地盤に確実に伝達するものである。したがってグラウトに要求される品質としては，まだ固まらないグラウトでは良好な流動性を有し，練混ぜから注入終了までの間に流動性の低下がないこと，注入後の容積変化が小さいことなどである。また，固まった後のグラウトについては，十分な強度を有すること，密実な充填がされていること，水密性に優れていることなどである。

第4章 材料

セメント系グラウトに用いる材料には，セメント，水，細骨材，混和材料がある。要求される品質を満足するためには，グラウトの所要の強度，施工性，地盤などを十分考慮のうえ選定する。

1) セメントは，ポルトランドセメント（JIS R 5210-2009）を用いることを標準とする。一般には普通ポルトランドセメントを用いる。ただし，特に工期短縮の目的で早期に高強度を必要とする場合には，早強ポルトランドセメントを用いる。腐食環境条件下においては耐硫酸塩セメントを用いる場合もあるが，その特性を十分把握して使用する。上記のほかにJISに適合したセメントとしては，高炉セメント，シリカセメント，フライアッシュセメントがある。これらのセメントの使用にあたっては，強度特性，耐久性，施工性などについて十分な検討を行う。

2) 練混ぜ水は上水道水を用いれば問題はないが，天然の淡水（地下水，河川水，湖沼水など）を用いる場合は，セメント系グラウトの凝結，硬化，強度などに悪影響を及ぼさないことを確認する。

　　塩化物や硝酸塩，硫酸塩を含む水を用いると，鋼製のテンドンや鉄筋の腐食を促進するおそれがある。特にテンドンは常時高い応力状態となっているので腐食を起こしやすい。

　　したがって，水の性質について疑いのある場合には，水質試験を行い練混ぜ水としての使用の可否を確認する。JSCE-B 101-2005（コンクリート用練混ぜ水の品質規格（案））では練混ぜ水に含まれる塩化物イオン（Cl^-）量の許容値は200 ppm以下であることを規定している。

3) 細骨材に使用する砂の粒径は2 mm以下とし，細砂の量はあまり多くないほうがよく，過度の微粒を含むものを用いない。DINでは0.2 mm以下の砂が骨材の質量の30%以下であることを規定している。

　　有害物含有量の限度は土木学会：コンクリート標準示方書などが参考となる。

4) 混和材料は，テンドン・グラウト・シースなどに悪影響を及ぼさないものを用いて，その使用実績や特性を十分吟味して使用する。AE剤，減水剤およびAE減水剤は，その品質がJIS A 6204-2011（コンクリート用化

学混和剤）に，膨張材は JIS A 6202-2008（コンクリート用膨張材）に規定されている．

（2）その他のグラウトの材料としてはポリエステル系，エポキシ系，ポリウレタン系などの樹脂が主に使用されているが，その機能として下記の条件を備えているものを使用する．

① 応力を伝達するのに十分な強度を有する
② 周囲の地盤と反応を起こさない
③ 腐食に対し効果的で耐酸性を有する
④ 長期に安定している
⑤ テンドンに対して十分な付着力を有する
⑥ 硬化後の収縮が小さい
⑦ 空隙を完全に充填できる流動性を有する
⑧ クリープ量が小さい
⑨ ガラス転移点が周辺温度より高い

4.3 テンドン

（1）テンドンを構成する引張り材として鋼材を用いる場合には，JIS などの公的機関の規格および基準に適合したものを使用する．

（2）テンドンを構成する引張り材として連続繊維補強材を用いる場合には，JSCE-E 131（土木学会）に適合したものを使用する．

（3）テンドンを構成する引張り材として，(1)，(2) 項以外の材料を用いる場合には，アンカーへの適用性を検討のうえ，公的機関による認定を受けたもの，あるいは試験によってその品質が保証されたものを使用する．

【解説】

（1）アンカーのテンドンを構成する引張り材として鋼材を用いる場合には，一般に JIS G 3536-2008 に示されている PC 鋼線，PC 鋼より線（**付録表-4.1**）

およびJIS G 3109-2008, JIS G 3137-2008 に示されている PC 鋼棒（**付録表-4.2**），細径異形 PC 鋼棒が使用されている。

ただし，細径異形 PC 鋼棒は，プレストレストコンクリートパイルに使用されることが多く，アンカーの引張り材として使用されることはほとんどない。また被覆 PC 鋼材には JSCE-E 141-2010（土木学会）に示されているエポキシ樹脂被覆 PC 鋼材（**付録表-4.5**）などがある。

（2）連続繊維補強材とは，コンクリート補強用の連続した繊維に繊維結合材を含浸させ，硬化させて成形した一方向強化材をいう。連続繊維補強材を引張り材として使用する時は，JSCE-E 131-1999（土木学会）の品質規格（案）に規定されたものを品質を確かめたうえで使用する。ただし，規定されている連続繊維補強材は，従来の PC 鋼材と比較して引張り材の定着方法や破断までの伸び挙動が異なること，アンカーとプレストレストコンクリートの定着工法は使用方法が異なること，またアンカーに適合しないものも規定されているので使用時には注意が必要である。

（3）（1），（2）項以外に JIS に規定されていないが，土木学会：コンクリート標準示方書（規準編）-2010 または日本建築学会：プレストレストコンクリート設計施工基準・同解説-1998 に記載された特定の部材，および工法に使用されている PC 鋼材などがある。これらの材料については，コンクリート補強材として認められた材料と同等な手続きによって材質の適合性を調査し，アンカーへの適用性を検討のうえ，試験によって品質が確認，保証されたものを使用する。

テンドンを構成する引張り材の例を**付録表-4.1〜4.5**に示す。

4.4 定着具

（1）定着具は，引張り材が破断する前に，破壊したり，アンカーの性能を損ねたりしない構造と強度を有するものとする。

（2）定着具は，構造物および使用目的に適合した構造とする。

【解説】

（1）通常，アンカー用の定着具はプレストレストコンクリート用の定着具が使用されており，それぞれのタイプに応じて製作・品質保証されたもので，関連学協会で認められた定着具を用いる。新しい型式の定着具や定着具の強度が確認されていない場合には，試験を行ってその品質や安全性を確認したうえで使用する。

定着具は，初期緊張力導入作業時の安全性を考慮して，引張り材の規格引張り荷重あるいは保証耐力に対して安全な構造と強さを有するものとする。また，定着具は静的な荷重に対して安全であっても，繰返し荷重に対する強度は引張り材の疲労強度より小さくなる場合が多いことから，変動荷重を受ける場合は検討を要する。

くさび方式による定着時のセット量は，緊張定着方式によって異なることから必要に応じ，試験によってこれを確かめる。ただし，既存のデータに基づき関連学協会が認めた値がある場合は，これを採用してもよい。

また，定着具は，支圧板および台座と一体の構造としてその安全性について検討する必要があり，必要に応じて試験によって確認する。

連続繊維補強材を引張り材として用いる場合の定着具は，土木学会：コンクリートライブラリー88号「連続繊維補強材を用いたコンクリート構造物の設計・施工指針（案）」に示されたものを用いる。

（2）アンカーは，状況に応じて再緊張あるいは緊張力緩和などの緊張力調整を必要とする場合には，それに対処できる機能を有した定着具を用いる。緊張力調整を必要とするかどうかは，あらかじめ計画あるいは設計段階で考慮する。

4.5 その他の材料

（1）頭部キャップ

頭部キャップは，アンカー頭部を保護し，防食用材料の漏出防止機能と強度および耐久性を有しているものとする。

（2）支圧板

支圧板は，定着具と構造物に適合した形状と強度を有しているものとする。

（3）シース

シースは，テンドンの組立，運搬，挿入およびグラウトの注入時に損傷しない耐摩耗性と強度，有害な物質に対する耐久性および止水性を有しているものとする。

（4）その他

その他のアンカー用材料は，アンカーの種類，使用目的に応じ，アンカーの機能に支障のない形状と材質のものとする。

【解説】

（1）頭部キャップは，アンカー頭部の定着具を保護するために用いられる。したがって，落石などの外部からの予想される衝撃に対して必要な強度を持ち，かつ酸などによる腐食や紫外線などに対して耐久性のある材料を用いる。一般にポリエチレン，ポリプロピレン，アルミニウム合金，クロムメッキ鋼などが用いられている。また，キャップ内に防錆油が空隙のないように充填でき，これが流出しないこと，および維持管理のため取外しが可能な構造とする。

（2）支圧板は，定着具からの荷重を台座，構造物に伝達させるために設置する部材で，一般に鋼板など高強度で剛性のある材料が用いられる。

（3）アンカー体部のシースは，アンカー体部の防食材料として用いられ，筒状の波形プラスチック管や異形スチールパイプなどがある。

アンカー体部のシースの外側のグラウトにクラックが生じた場合でも，シース内に地下水などの浸入を防止し，テンドンとして用いる鋼材の防食をはかるものである。したがって，地盤中の有害な物質に対する耐久性と止水性を有している必要がある。また，テンドンの引張り力をアンカー体グラウトから地盤へ確実に伝達させるため，グラウトとの付着性を向上させる形状と，必要な強度を有しているものを使用する。

アンカー自由長部のシースは，テンドン自由長部の摩擦損失を防ぎ，かつ防食材としても機能させるための被覆材料で，主にポリエチレン製のシースが用いられる。

（4）その他のアンカー用材料とは，アンカーの機能を発揮するための補助的な役割を果たす材料をいう。

一般に使用されているその他のアンカー用材料の名称および材質を**解説表-4.1**に示す。

拘束具は，アンカー体部のテンドン引張り材に取り付けられ，テンドン引張り力をアンカー体グラウトに伝達させるために用いられる。その材料は，所要の機能が必要とされるため，鋳鉄材や非腐食性鋼材などが用いられている。拘束具は，グラウトとの応力伝達方式によってその形状が異なる。一般に，筒状や板状のものが用いられている。

セントラライザー（Centralizers）は，テンドンを孔の中央部に位置させることによって，グラウトの所要被り厚さを確保するために用いられる。その取付け間隔は，テンドンの剛性を考慮し，テンドンの直線性が保たれるように配置する。また，テンドンの孔内挿入時に移動や脱落がないよう確実に取り付けられる構造とする。

セントラライザーに用いる材料は，テンドン自重によって変形しないこと，

解説表-4.1 その他のアンカー用材料例

目　的	名　称	材　質
形状保持	スペーサー	一般構造用圧延鋼材 合成樹脂
止　水	パッキング材 シール材	樹脂，ゴム，アスベストあるいはアスファルト
注　入	グラウト注入ホース 排気ホース	ポリエチレンあるいは ビニールホース
テンドン挿入	パイロットキャップ	配管用炭素鋼鋼管，合成樹脂，あるいは一般構造用圧延鋼材
応力伝達	拘束具	鋼材，鋳物
かぶり保持	セントラライザー	鋼材，合成樹脂
その他	結束材 テープ類	鋼材，合成樹脂

グラウトの充填性が損なわれない形状であることなどが要求される。一般に合成樹脂や防錆加工された鋼材などが用いられている。

参 考 文 献

1) 土木学会編：コンクリート標準示方書，2007．
2) 日本建築学会編：プレストレストコンクリート設計施工基準・同解説，1998．
3) 日本道路協会編：道路橋示方書・同解説，2002．
4) 土木学会編：連続繊維補強材を用いたコンクリート構造物の設計・施工指針（案）コンクリートライブラリー，No.88，1996．

第5章　防　食

5.1　一　般

アンカーは，構造物周辺の腐食環境，供用期間および構造物の重要度を考慮し，その供用期間中にアンカーの機能を維持できるように確実な防食を行う。

【解説】

鋼材などの腐食のおそれのある材料を用いるアンカーにおいて，その防食方法を選定する場合は，防食用材料の特性や効果等を勘案のうえ，アンカー体，引張り部，アンカー頭部のそれぞれに対して最適な処置となるよう十分に検討する必要がある。また，必要に応じて，アンカーの全供用期間にわたって最も不利となる腐食条件を設定し，防食を講じる。

アンカーは，使用する目的によって供用期間が異なる。また，使用場所や対象とする構造物によって腐食環境が異なる。よって，アンカーの防食は，これらの使用条件に加えて，アンカーおよび構造物の重要度を考慮して適切な方法で実施する。

解説表-5.1に供用期間および腐食環境レベルを考慮した防食レベルの目安を示す。

解説表-5.1　防食レベル

	2年未満	2年以上
通常の環境	防食構造Ⅰ	防食構造Ⅱ
高腐食環境	防食構造Ⅱ	防食構造Ⅲ

この防食レベルは，供用期間を2年未満と2年以上で区分している。さらに腐食環境を通常の環境と高腐食環境の2つに区分し，供用期間と腐食環境の条件で必要な防食性能を設定している。ここで，高腐食環境とは，二重防食など

の十分な防食が施されていても，腐食が進行する可能性のある環境をいう。

防食構造Ⅰは，通常の環境における供用期間2年未満のアンカーが対象となり，防食レベルは簡易な防食となる。一般的に防食構造Ⅰでは，アンカー頭部や頭部背面など腐食しやすい部分に対して防食を施す。なお，供用期間が非常に短い場合や，ほとんど腐食環境にさらされない場合は，防食を省略してもよい。

防食構造Ⅱは，通常の環境における供用期間2年以上のアンカーが対象となり，供用期間中にアンカーの機能を維持できる確実な防食となる。防食構造Ⅱでは，腐食によりその機能が損なわれないように引張り材，拘束具，定着具，支圧板などアンカー全長にわたって確実な防食を行なう。なお，供用期間が短くても，高腐食環境にある場合や重要な構造物に対するアンカーでは防食構造Ⅱ以上の防食が必要である。

高腐食環境下においてアンカーを使用する場合は，さらに防食性能の高い防食構造Ⅲとしているが，腐食しない材料を用いたり，防食層を多重化する防食が必要となる。また、腐食環境によりセメント系グラウトが劣化する場合には，樹脂グラウトなどを使用することも必要となる。

腐食のおそれがあり，防食の必要なテンドンについては，全長にわたって供用期間中に外部の腐食環境から遮断する材料，構造で保護する。テンドンを外部の腐食環境から遮断する方法としては，鋼材を耐食性のある2種類以上の材料で保護する方法などがある。

アンカー頭部から引張り部にかけては，FIP-1986で報告（**付録5-2**)[1]されているように，不十分な防食では腐食による破断のおそれがあるので特に注意を要する。アンカー頭部とその背後，ならびに引張り部の接続部分では，防食構造が不連続とならないように，防食構造を確実にする。

それぞれの防食レベルにおける防食構造の例を**付録5-6**に示している。

腐食の程度は，以下の環境条件によっても左右されるので，アンカーの置かれた環境条件を十分調査，把握するものとする。

第5章　防食

1) pHおよび酸度
　① pHが低く，酸性が強くなると腐食速度は増大する。鋼の場合，pH 4以下になると特に腐食が激しくなる。
　② 土壌中にフミン酸などの有機酸を含む場合，pH値が中性に近くても酸度（酸性物質の含有量）が高いため，腐食しやすい傾向になる。

2) 比抵抗値
　鋼の腐食は，中性あるいはアルカリ性土壌では比抵抗値に影響されやすく，一方酸性土壌では，pH値に影響されやすい。
　土壌の比抵抗値は主に土壌中の含水量と水の電導度によって決まるため，鋼の腐食と密接な関係がある。一般に数千 $\Omega \cdot cm$ の比抵抗値を示す土壌は腐食度が小さく，$1000\,\Omega \cdot cm$ 以下では大きい傾向にある。

3) バクテリア
　嫌気性の硫酸塩素還元バクテリアが繁殖している場合，バクテリアの復極作用のため陰極反応が促進され，硫化水素が発生して鉄と反応することにより，腐食が進行する。さらに、陰極反応により発生した水素が鋼中に侵入し、水素脆性割れを起こす。

4) 土壌中の溶解成分
　① 地下水中の遊離炭酸
　② 火山温泉地帯や工場地帯等での亜硫酸ガス，硫化水素
　③ 有機物の腐敗で生じるアンモニア
　④ 塩化物，硫酸塩，特に塩素イオン
　⑤ 硫化物，無機酸や重金属等の有害物を多量に含む鉱滓，石炭殻，工場廃液等

5) 迷走電流
　接地した電気設備や鉄道軌道から地中に電流が流れていることがある。この電流を迷走電流というが，これが地中からアンカーのテンドンにまで流れるようなことが起こると，鋼材と他の材料の間で電位差が生じ，これにより電池が形成され，いわゆる電食という腐食を生じることがある。電食を生じるおそれがある場合は，本章で示す防食構造とは別に，テンドンに電気が流れないよう

な対策を講じる必要があるが，その対策ができないときはアンカーの使用を避ける。

5.2 防食用材料
　防食用材料としては，防食の機能が所定期間中有効なものを使用する。また，テンドンを構成するアンカー各部の機能に悪影響を及ぼさないものとする。

【解説】
　アンカーに使用する防食用材料は，アンカーの供用期間中有効に働き，アンカーの機能を低下させないものを用いる。使用される部分によって，必要な特性は異なるが，一般に次のような特性を有しているものとする。
　① アンカーの供用期間中に防食効果があり，グラウトやテンドンなどに悪影響を及ぼさないこと。
　② テンドンを緊張する際の摩擦損失が小さく，かつ引張り材の伸びに追従すること。
　③ 供用期間中に変化する温度範囲で脆性，変質，変形，流出がないこと。
　④ 充填する防食用材料は，良好な充填性を有すること。
　⑤ テンドン加工組立時および防食処理後の輸送や作業中の取扱いに，十分耐えられる強度と構造を有していること。
以上の条件を満足するテンドンの防食用材料には，充填材，被覆材，コーティング材などがある。
　1）充填材には一般にグリース類，ペトロラタム類（半固形状ワックス），合成樹脂が多く用いられる。充填材は，長期安定性に優れ，テンドンを構成する引張り材，シースやスペーサーなどの合成樹脂に対する相性を調査したうえ，悪影響を及ぼさない性質を有しているものを使用する。
　　グリース類，ペトロラタム類については，一般にアンボンド PC 鋼より線で使用されるものと同等以上の特性を有するものがよいが，使用目的，使用

条件に応じて適切なものを選択する。これらの材料の仕様の例を参考として**付録 5-3** に示す。また合成樹脂については，一般にエポキシ系，ポリエチレン系，ウレタン系のものが使用されるが，使用目的，使用条件に応じて適切なものを選択する。

2) 防食のために用いるシースは，供用期間中の耐久性を備えているとともに，防食用材料の注入圧力に十分に耐える強度を持つものを選定するものとする。材料としては合成樹脂，ステンレス，鋼材などがあるが，主に高密度ポリエチレンもしくはポリプロピレンなどの合成樹脂が多く用いられている。その試験方法と特性値例を**付録 5-4** に示す。

　なお，シースに必要な特性としては，

① 所定の曲率で曲げても変形，変質しない強度と形状を有していること。
② 加工，運搬，挿入時に破損しない耐摩耗性と強度を有していること。
③ ブリージングやエアを停滞させることなくスムーズに，かつ，確実にグラウトを注入，充填させることができること。
④ アンカー体部に用いる場合は，引張り力を有効にグラウトから地盤に伝達させることができる形状と強度を有していること。
⑤ 地下水や有害な物質を通過させない止水性と，長期間侵されない耐久性を有していること。

などがある。

3) コーティング材には，亜鉛メッキ，防錆ペイント，エポキシ材などがある。亜鉛メッキは，頭部キャップ，支圧板などに用いられることが多いが，防錆ペイントは取扱い時に剥離する可能性もあり，製造・運搬・保管時の一時防食として使用することが望ましい。エポキシ材は鋼材に用いられることが多く，エポキシ材で鋼材を被覆することにより，防食の機能を果たす。

　アンカー体部の防食用材料で，アンカー力を地盤へ伝える機能が必要な場合は，腐食などにより強度など特性の低下を起こさないものを使用する。

　アンカー自由長部に使用する防食用材料は，アンカーの緊張・定着時，再緊張あるいは緊張力緩和などの緊張力調整時，および供用中のアンカーの残存引張り力が変化する時などにテンドンの伸びを妨げず，追随性の良いもの

を使用する。

5.3 防食方法

（1）アンカー体部の防食は，引張り力を地盤に伝達するというアンカー体の機能を妨げない構造とする。

（2）引張り部の防食は，シースとその他防食用材料の組合せにより行い，緊張力の変動に対して追随できる構造とする。

（3）アンカー頭部の防食は，リフトオフ試験や再緊張などの維持管理を妨げない構造とする。

（4）引張り部とアンカー体，あるいは引張り部とアンカー頭部との境界部は，特に腐食の危険性が高いため確実な方法で防食を行う。

【解説】

（1）腐食のおそれがあり，防食の必要なアンカー体の引張り材は，長期間安定的に外部からの腐食環境を遮断できる耐久性のあるシースなどに収め，保護されなければならない。使用されるシースには，プラスチック製シースと鋼製シースがあるが，プラスチック製シースが多く用いられている。鋼製シースを用いるときは，確実な防食を施された腐食のおそれのないものを使用する。また，これらのシースが地盤に力を伝達する機能を有する場合は，テンドンに引張り力を加えた時に破損しない十分な強度と厚みを持つものとする。

アンカー体のグラウトはアルカリ性であり，腐食のおそれのある鋼材に対しては防食としての機能が期待できるが，地下水や地盤の酸性度が高いときは，グラウト自体の劣化を生じるおそれがあるので，グラウトの材質の変更を検討する。土壌や地下水中に含まれる硫酸塩によりグラウトが劣化する可能性がある場合には耐硫酸塩セメントをグラウトの材料として使用する。また，酸性土壌でも適用できるグラウトとして，例えば樹脂系のグラウトがある。

引張り材をシースに収める際に，テンドンの先端部分の防食構造が不連続になる場合は，腐食環境を遮断できる止水構造となるようにする。

アンカー体に使用する拘束具についても，腐食のおそれがなく長期にわたり耐久性を有するものを使用する。

（2）防食構造Ⅱ以上のアンカーの引張り部の防食方法としては，あらかじめ工場等において引張り材にシースを被覆し，引張り材とシースの間に防食用材料を充填しておく方法や，テンドンを緊張した後に防食用材料を注入し充填する方法がある。

具体的には，アンボンドPC鋼より線とシースとの組合せによる防食構造やシースに防錆油等の防食用材料を充填するタイプなどがある。防食用材料を充填するタイプでは，材料が一定の被りを持つように完全に充填し，外部への漏出を防止し，隙間を生じさせないようにする。

防食用材料に防錆油を用いる場合，体積変化の少ないものを使用し，施工時に防錆油をシース内に完全に充填し，密封させる。

孔壁周囲の地盤のゆるみを抑えるとともに，自由長部の防食機能を増加させることも期待できるので，アンカー自由長部のシースと地盤との空隙は，グラウトにより充填注入を行う。

アンカーの引張り部は，長期的に摩擦抵抗が生じない構造とする必要がある。そのため特にテンドンの伸びを拘束しない防食用材料を選定する。充填される防食用材料は，有害物質の侵入に対して十分な防食性能を備えているとともにテンドンの腐食を引き起こさないものとする。

なお，その他の方法で防食を行うときは，確実な防食ができる方法で行う。

（3）防食構造Ⅱ以上のアンカーの頭部の防食方法としては，アンカー頭部を防食性能を有するキャップで覆い，キャップ内に防錆油等の防食用材料を充填する方法が一般的である。

アンカー頭部全体を直接コンクリートで被覆する方法では，くさび定着方式の場合には，くさびとアンカーヘッドとの間隙等にコンクリートが入り込む危険性がある。また，地盤の沈下等により台座や構造物と被覆コンクリートとの間に隙間が生じ，雨水が浸入する危険性がある。さらに，供用期間の長いアンカーは基本的には再緊張が必要な場合があるため，コンクリートで被覆すると再緊張が困難となる。そのため，アンカー頭部全体を直接コンクリートで被覆

する方法は原則的には採用しない。

　定着具の背面ならびに頭部のキャップ内に充塡する防食用材料は，引張り部で用いるものと同等以上のものを用い，直接日光にさらされ高温になる場合には適切な融点のものを選定する。

　アンカー頭部は外部の気象環境に直接さらされるとともに，落石，機械の衝突などの危険性も有している。アンカー頭部は，これらの衝撃に対して抵抗できる材質と構造とする。

　アンカーは，点検や維持管理が容易に行えるような構造が望ましい。したがって，再緊張を考慮したアンカー頭部の防食は，再緊張を妨げない方法で行う。

　(4) 定着具の背面は，引張り部との境界となるため防食構造が不連続になりやすく，腐食しやすい箇所である。したがって，境界部分から有害物質が侵入しないような構造にするとともに，定着具背面にはグラウトや防錆油等の防食用材料を完全に充塡する。さらに，充塡された材料が漏れたり，蒸発したり，沈降したりしないような構造，材料であり，後で補充できるような構造とする。

　アンカー頭部付近における有害物質の侵入空間としては，
　① 地山や構造物と台座との間の隙間
　② 台座と支圧板との間の隙間
　③ 支圧板と定着具との間の隙間
などがある。

　定着具の表面は外部環境の影響を受けやすい。したがって，この部分も腐食し易く，腐食環境から遮断される防食構造とする。

　引張り部とアンカー頭部との境界部は特に腐食の危険性が高いため，慎重に施工を行う。

　引張り部とアンカー体との境界部は，応力の集中によってグラウトのひび割れや防食用材料の破損等が発生する可能性がある。したがって，防食に対しては十分な注意が必要であり，適切な防食構造を選定するとともに慎重に施工する。

アンカー頭部背面および引張り部とアンカー体との境界部における防食機能の確認方法については，例えば東日本高速道路株式会社・中日本高速道路株式会社・西日本高速道路株式会社「土工施工管理要領」に水密性の基準が示されている（**付録 5-5**)[2]。

参 考 文 献

1) FIP State of the art report：Corrosion and corrosion protection of prestressed ground anchorages, 1986.
2) 東日本高速道路株式会社・中日本高速道路株式会社・西日本高速道路株式会社：土工施工管理要領, 2011.

第6章 設 計

6.1 一 般

(1) アンカーの設計においては，その目的に適合するように安全性，施工性および経済性を考慮し，周辺の構造物，埋設物などに有害な影響がないように検討を行う。

(2) アンカーの設計に際しては，原則として基本調査試験を行って，その結果を反映する。

【解説】

解説図-6.1にアンカーの基本的な設計フローの例を示す。

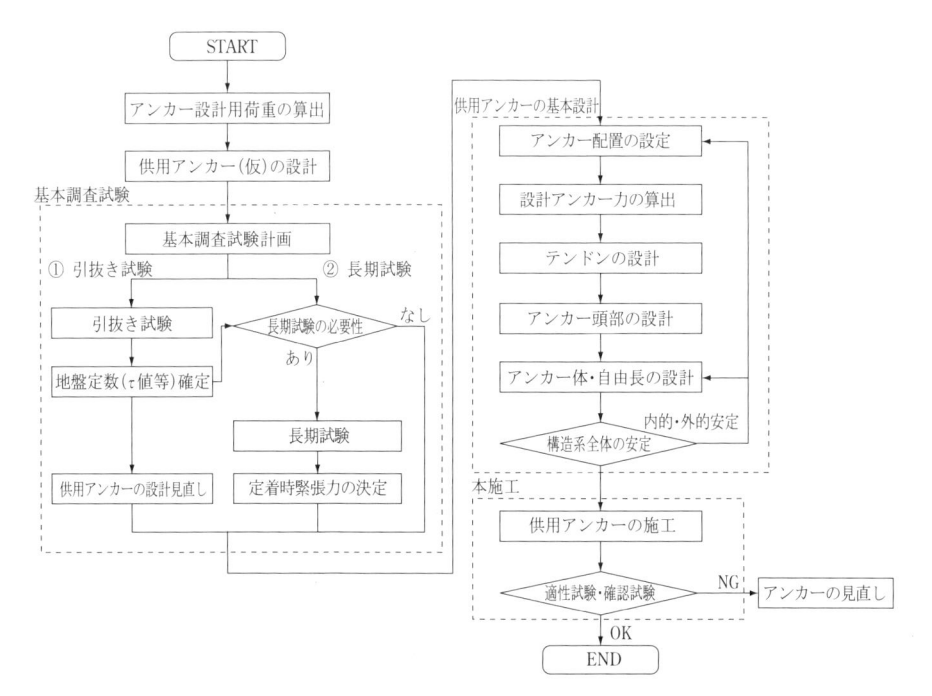

解説図-6.1 アンカーの設計フロー（例）

（1）アンカーは土留め・斜面・のり面・各種構造物の安定など種々の用途に用いられ，その使用期間も多岐にわたる。アンカーの設計にあたっては，アンカー自体の安全性やアンカーを含めた構造物系全体の安定性を確保するだけでなく，施工性，経済性および周囲の環境にも配慮する。

アンカーの仕様は，アンカーされる構造物の種類，アンカーの使用目的や使用条件等に応じて，アンカーを含む構造物全体の安定や許容される変形量を満足するように決定する。

解説表-6.1 アンカーの供用期間と構造物の置かれる条件による分類

構造物の種類 \ 供用期間	2年未満	2年以上
一般の構造物	ランクB	ランクA
特殊な条件下にある構造物	ランクA	

解説表-6.1は，アンカーを，供用期間と構造物の置かれる条件により分類したものである。一般的なアンカーのうち，供用期間が2年を超えるものについてはランクAとしている。また，ケーブルクレーンの基礎のように常に繰り返し荷重が作用する場合，あるいは温泉地帯や海岸沿いなどの高腐食条件下で使用されるアンカーについては，供用期間によらずランクAに分類している。ランクAのアンカーに関しては，仕様や安全率などを，その重要度やアンカーの使用方法などを勘案して設定する。

（2）事前に基本調査試験が実施されていない場合や，過去に行われた基本調査試験の仕様が，計画されているアンカーの形式と異なる場合には，当該計画に対して適切な設計を行うため，実際に施工するアンカーと同じ条件で**8.2 基本調査試験**を行い，設計に用いる諸定数を求める。

しかし，現場状況などにより設計に先立って基本調査試験を行うことができない場合もある。近隣の同種工事で実績がある場合や，簡易な仮設に用いる場合には，責任技術者の判断により基本調査試験を省略することができるが，施工開始後早期に適性試験を行って，設計の妥当性を確認する。

6.2 アンカーの配置

(1) アンカー配置計画

アンカーの配置は，アンカーで固定される構造物の周辺地盤を含めた全体的な安定性，近接構造物や地中構造物への影響，地質等を考慮して計画する。

(2) アンカー傾角

アンカー傾角は，所定のアンカーが確実に造成できるように決定する。

(3) アンカー体の設置間隔

アンカー体の設置間隔は，アンカーの相互作用を考慮して決定する。

【解説】

(1) アンカーの配置計画

アンカーは，アンカーされる構造物，アンカーする地盤について，**6.8 構造物全体の安定**を確認し配置する。アンカー体設置位置およびアンカーの方向や間隔は，設計段階の初期にあらかじめ想定し，不経済な設計になったり，施工段階で問題が生じないようにする。

アンカーの配置計画に際しては，アンカー設置対象地盤中の埋設物，構造物，杭などについて事前に十分調査する。調査結果にもとづき，近接構造物に対する影響や近接構造物がアンカーへ与える影響について検討する。構造物，地中埋設物などの障害物がある場合は，孔曲がりなど削孔精度を考慮して，アンカー傾角，アンカー水平角について十分検討してアンカーの配置を決定する。また，既設構造物施工時の地盤の乱れ，埋戻し不良などに伴うアンカー体設置地盤の緩み等，アンカー自身への影響についても十分検討する。

対象とする地盤が土砂で構成されている場合には，構造系全体の安定の他に，注入中のグラウトの漏れの防止やアンカーの許容耐力を得るための上載圧の確保などのために，アンカー体の最小土被り厚を5m以上確保することが望ましい(**解説図-6.2**)。

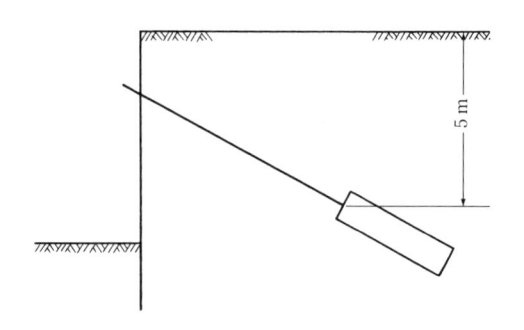

解説図-6.2 アンカー体の最小土被り厚

（2）アンカー傾角について

アンカー頭部に加わる力の方向は，アンカーの軸方向と一致させるのが最も有利であるが必ず一致するとは限らない。また，アンカー傾角（α），アンカー水平角（θ）によっては，アンカーの軸方向以外の力が発生するので，アンカー工法の適否を含めて分力に対する検討も必要となる。

したがって，アンカーを計画する場合，その設置角度は力学的有利性だけでなく，種々の条件を考慮して決定する。土留めや斜面・のり面の安定を目的としたアンカーでは，設置角度は一般的に$\alpha \leq 45°$で設計される。ただし，アンカー傾角を$-5°\sim +5°$の範囲にすると，残留スライムおよびグラウト硬化時に生じるグラウトブリーディングがアンカーの耐力に大きく影響する可能性があるのでこの範囲は避ける。

（3）アンカー体設置間隔

アンカー体設置間隔は，設計アンカー力，アンカー体径，アンカー体長などアンカー諸元を考慮して決定する。この場合，グループ効果によりアンカーの極限引抜き力が減少する場合があることに注意しなければならない。

グループ効果の影響はアンカー体設置間隔，アンカー体長，アンカー体径，地盤との関係により求まる。一般的には1.5m以上確保すればグループ効果は考慮しなくてよいと考えられている。もし，間隔をこれより狭くして設置する場合には，アンカー傾角をずらした千鳥配置とすることによりアンカー体相

互の離隔を確保する方法もある．アンカー体設置間隔を設定するための影響円錐の考え方の例，浮力に対する考え方，グループ効果を考慮した設計の考え方の例を**付録6-2**に示す．

6.3　アンカーの長さ

（1）アンカー自由長

アンカー自由長は，原則，最小長さを4mとし，土被り厚さ，構造系全体の安定等を考慮して決定する．

（2）テンドン自由長

テンドン自由長は，変形を考慮し，かつ所要の緊張力を確保できるように決定する．

（3）アンカー体長

アンカー体長は，原則，3m以上かつ10m以下とし，地盤とグラウトの引抜き力およびグラウトとテンドンとの拘束力を考慮して決定する．

【解説】

（1）アンカー自由長

アンカー自由長部は，アンカー頭部から引張り材に導入された緊張力をアンカー体に伝達する部分であり，アンカー体と構造物の離隔を確保する役目もある．このため，自由長部の引張り材，シース等との摩擦抵抗を極力小さくする構造とし，その長さは，アンカーされる構造物とアンカー体設置地盤の間の地盤が破壊したり，変形が大きくならないように4m以上を標準とする．

また，アンカー自由長は，**6.8 構造物全体の安定**で述べる構造物，アンカーおよび地盤を含めた全体系の安定に対しても十分に安全となるように設定する．

一般に土留め，擁壁などのように土圧を受ける構造物では，**解説図-6.3**に示すように少なくとも主働すべり面以深にアンカー体を設置するように自由長を決定しなければならない．また地すべり抑止のためにアンカーを用いる場

合，潜在すべり面を含むすべり面より深部の地盤にアンカー体が設置され，かつアンカー体の外側を通るすべりに対して所定の安全率が得られるように自由長を設定する。

（2）テンドン自由長

テンドン自由長が短い場合には，アンカーを定着している構造物が変位すると残存引張り力への影響が大きく，あるいはアンカー体設置地盤がクリープ変位を生じた場合には，残存引張り力の変化が大きい。したがって，テンドン自由長は，構造物への影響を抑える緩衝材としての効果を期待するために十分な長さが必要である（**付録6-7** 参照）。

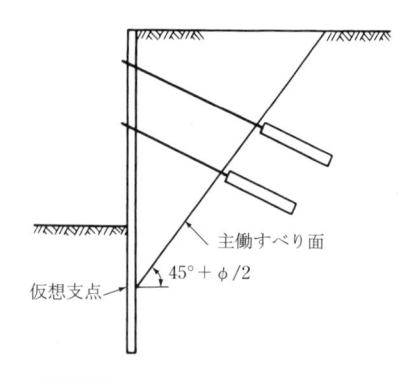

解説図-6.3 アンカー体設置位置

（3）アンカー体長

アンカー体長は，アンカー体と設置地盤との摩擦抵抗あるいは支圧抵抗に対して十分に安全であるように設計する。摩擦方式のアンカーでは，次に述べる理由によりアンカー体長は3m以上，10m以下を標準とする。

設計アンカー力が小さい場合には，アンカー体長を短くすることも可能であるが，極端に短い場合には，わずかな地層の傾斜や層厚の変化などにより極限

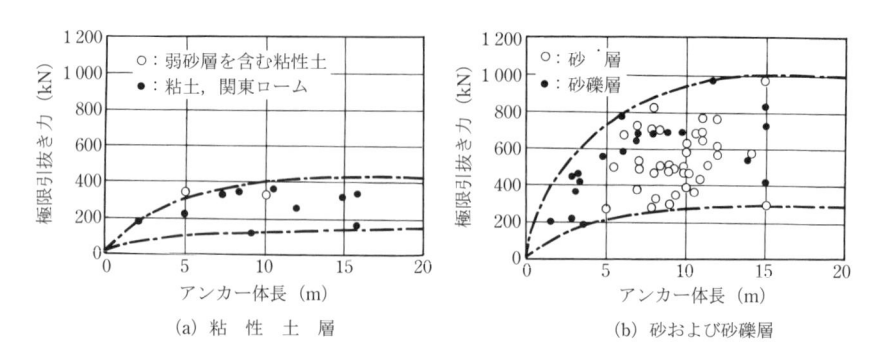

(a) 粘性土層

(b) 砂および砂礫層

解説図-6.4 アンカー体長と極限引抜き力

引抜き力が大きく変化する場合がある。このような影響を小さくするため，アンカー体長の最小値を3mとした。主に摩擦により抵抗する方式のアンカーの極限引抜き力とアンカー体長の関係を**解説図-6.4**に示す。設計アンカー力が大きい場合のアンカー1本当たりの極限引抜き力は，アンカー体長を長くしても比例して大きくならず，10mを超えるとほとんど増加しなくなる。これは，アンカー体各部位における地盤の摩擦抵抗が，**解説図-6.5**に示すように変位が大きくなるに従い増加するが，ある変位量を超えると減少するためと考えられる。アンカー体が長くなるとその変位量も部位により異なり，摩擦抵抗が均等に分布しなくなる。

以上より，アンカー体長が長くなると，極限引抜き力の低減についての配慮が必要になることから，本基準におけるアンカー体長は，10m以下を標準とすることとした。

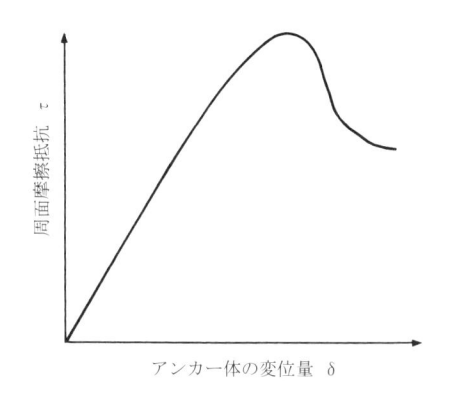

解説図-6.5 アンカー体の変位量と周面摩擦抵抗の概念

なお，引抜き力に対して主に支圧により抵抗する方式のアンカーや，アンカー体長が3m未満あるいは10mを超える主に摩擦により抵抗する方式のアンカーを用いる場合には，試験アンカー等により安全性を確認する。

6.4 アンカー体

アンカー体は，緊張時あるいは供用中に，所要の強度，耐久性を有し，アンカー力を確実に地盤に伝達できる構造とする。

【解説】
アンカー体は，アンカーの引張り力を地盤に伝達し，それを安定した状態を

維持するために，その力に耐えうる十分な強度と大きさが必要である。

アンカー体に用いるセメントペースト，モルタルなどのグラウトの圧縮強度は，供用期間のグラウト劣化に対する耐久性を考慮して，緊張時に $24\,\text{N/mm}^2$ 以上とする。ただし，**解説表-6.1** のランクBのように，腐食環境になく，供用期間が2年程度と短いものについては，$18\,\text{N/mm}^2$ としてもよい。グラウトの強度は，現場養生した供試体の圧縮強度により推定する。

アンカー体の削孔径は設計上のアンカー体径である。削孔径の選定に際しては，アンカーの耐力に依らず，テンドンが地盤との被りを十分確保できるよう配慮することも重要である。また，施工時におけるテンドンの共あがりなどのトラブルが生じることが予想される場合は，テンドンとドリルパイプ内径とに十分なクリアランスが確保されるように削孔径を大きくする。

6.5 アンカー頭部

(1) アンカー頭部は，アンカー力に対して所要の強度を持ち，有害な変形を生じない構造とする。

(2) 再緊張あるいは除荷の必要性が予想される場合，アンカー頭部はそれに対応できる構造とする。

【解説】

(1) アンカー頭部すなわち定着具と支圧板は，アンカー力を構造物や地山に確実に伝えるために設けられる部分である。

定着具と支圧板は，テンドンの軸方向に対して直角な面で接するようにし，その部材は，力学的に十分安定したものであることが重要である。定着具と支圧板は，**4.4 定着具**，**4.5 その他の材料**により適切な選定を行う。

アンカー頭部を検討する際は，設計アンカー力に対して十分安全であるように検討を行う。しかしながら，基本調査試験等で設計アンカー力以上の力が作用する場合などは，それらを配慮して荷重を設定する必要がある。

一般に用いられているアンカー頭部とその周辺の部材の例を，適用構造物の

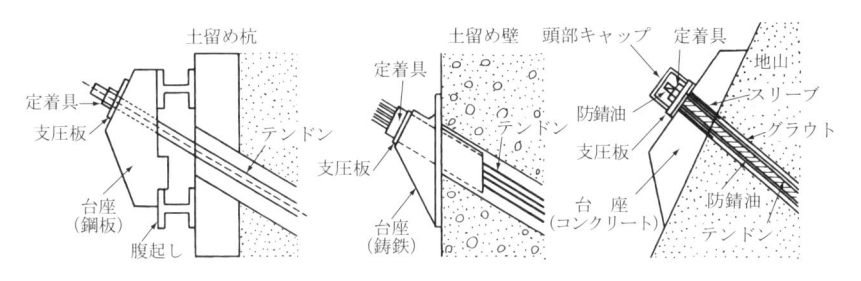

解説図-6.6 構造物の状況に応じたアンカー頭部とその周辺部材（例）

状況に応じて**解説図-6.6**に示す。

（2）地盤のクリープや引張り材のリラクセーションが生じることなどにより，アンカー力は経時的に減少する。このことにより，再緊張が必要となると予測できる場合には，テンドンを構成する引張り材の緊張代を十分に長く残して切断するか，再緊張できる定着具を用いる。

なお，再緊張するにあたり，一旦緊張力を全て解放する場合には，引張り材の引き込まれ量が問題となる。引張り材の引き込まれ量の予測では，引張り材の戻り量の他に，緊張力の開放に伴う構造物の変形量や地盤の変位量も加味する必要がある。

また，荷重解放後の再緊張に使用する材料や，再緊張方法については，事前に計画する。

6.6 アンカー力

（1）設計アンカー力（T_d）は，許容アンカー力（T_a）を超えないものとする。

（2）許容アンカー力（T_a）は，以下の3項目について検討を行い，最も小さい値を採用する。

1）テンドン許容引張り力（T_{as}）

テンドン許容引張り力（T_{as}）は，テンドンの極限引張り力（T_{us}）およびテンドンの降伏引張り力（T_{ys}）に対して，低減率を乗じた値のうち，

小さい値とする。

2）テンドンの許容拘束力（T_{ab}）

テンドンの許容拘束力（T_{ab}）は，テンドンからグラウト材への応力伝達方式やグラウト材の設計基準強度を考慮した値とする。

3）アンカーの許容引抜き力（T_{ag}）

アンカーの許容引抜き力（T_{ag}）は，アンカーの極限引抜き力（T_{ug}）を安全率で除した値とする。

【解説】

（1）アンカーが引張り力の作用によって，終局限界状態の破壊を生じる際に発生するアンカー力を極限アンカー力という。終局限界状態の破壊を生じたアンカーはそのアンカー力が減少し，構造物は安定を失うこととなる。このため，設計アンカー力は，極限アンカー力に適切な低減率や安全率を考慮した許容アンカー力以下としなければならない。

（2）アンカーの終局限界状態の破壊は，**解説図-6.7**に示すように，①テンドンの破壊，②テンドンがアンカー体から引き抜けることによる破壊，③アンカー体が地盤から引き抜けることによる破壊があり，これらのうち最も弱い部分で生じる。

以下に各項目での極限アンカー力について示す。

① テンドンの破壊（**図中①**）

テンドンが破断する場合であり，テンドンの極限引張り力が極限アンカー力となる。

② テンドンがアンカー体から引き抜けることによる破壊（**図中②**）

テンドンとグラウトとの付着が切れる場合，または拘束具とグラウトの拘束力が不足する場合の破壊であり，グラウトまたは拘束具が破壊することにより発生する。

このときの極限アンカー力をテンドンの極限拘束力と呼び，テンドンとグラウトの付着抵抗に期待するアンカーではその付着力が極限拘束力となり，拘束具によるグラウトとの付着，摩擦，支圧抵抗あるいはこれらの複合に期待する

第 6 章 設 計　　　　　　　　　　　　　　　　73

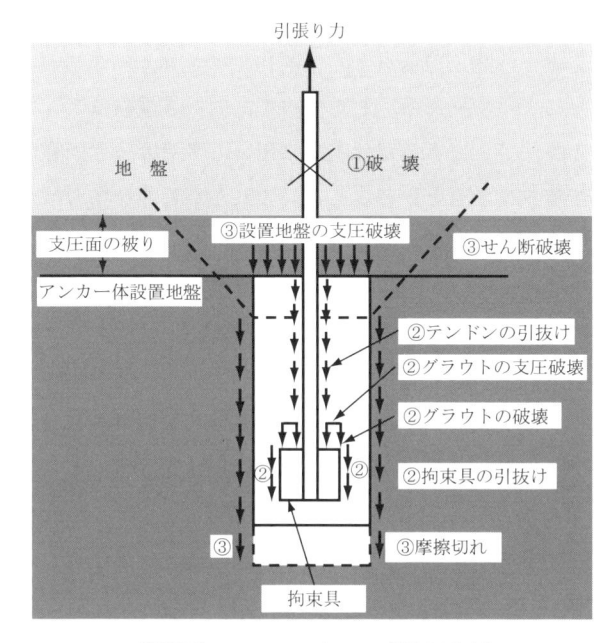

解説図-6.7　アンカーの破壊概念例

アンカーではこれらによる抵抗が極限拘束力となる。

③ アンカー体が地盤から引き抜けることによる破壊（図中③）

　地盤とアンカー体周面の摩擦抵抗に期待するアンカーでは地盤とアンカー体の摩擦切れによる破壊，支圧抵抗に期待するアンカーでは地盤の支圧破壊，せん断破壊による破壊であり，ともに設置地盤が破壊することにより発生する。

　このときの極限アンカー力を極限引抜き力と呼び，摩擦抵抗に期待するアンカーではアンカー体と地盤との周面摩擦力が極限引抜き力となり，支圧抵抗を優先的に期待するアンカーではアンカー体設置地盤の支圧力が極限引抜き力となる。**解説図-6.7**に示すようにアンカー体の設置地盤における支圧面の被りが小さいような場合には，その上部の地盤でせん断破壊することがあるので注意する必要がある。

　極限引抜き力は，基本調査試験により確認することを原則とする。

　周面摩擦抵抗や支圧抵抗の大きさは，地盤調査によって求められる地盤の種

類，土や岩の物理的・力学的性質，有効応力のほか，アンカー体の構造・形状・長さ，アンカーの施工方法（とくに削孔，アンカー体部へのグラウトの注入と加圧方法）によって異なる。したがって，引抜き試験はアンカーの諸元，設置地盤，施工方法等，できるだけ実際に用いるアンカーと同様な条件で施工したアンカーで実施することが望ましい。これが不可能な場合は，試験結果の適用にあたって，両者の条件の差を考慮した設計とすることが大切である。ここで，試験アンカーの諸元のうち，テンドンについては，実際に用いるアンカーと同様な荷重伝達方式となる仕様を選定する。

1）テンドンの許容引張り力（T_{as}）

現在，グラウンドアンカー工法に用いられている引張り材は，PC鋼線，PC鋼より線，多重PC鋼より線などのPC鋼材が主流を占めている。これらPC鋼材の許容引張り力（T_{as}）は，アンカーの使用目的，アンカーの構造や加工度を考慮して，諸基準を参考にするなどして適切に設定する必要がある。

PC鋼材を用いた場合のテンドン許容引張り力（T_{as}）の設定に用いる低減率を**解説表-6.2**に示す。**解説表-6.2**において，ランクAの低減率は最低限確保すべき値であり，アンカーの重要度や使用方法などを勘案して，更に低減する場合がある。

解説表-6.2 テンドンの極限・降伏引張り力に対する低減率[1]

分類		テンドン極限引張り力（T_{us}）に対して	テンドン降伏引張り力（T_{ys}）に対して
ランクB		0.65	0.80
ランクA	（常時）	0.60	0.75
	（地震時）	0.80	0.90
初期緊張時，試験時		—	0.90

注）ランクA，Bの区分は，**解説表-6.1**による

解説表-6.1のランクAのうち，テンドンに連続繊維補強材を用いるものがあり，高腐食環境に対応するアンカーとして，近年多く採用されるようになってきている。その特性は，素材（例えば炭素，アラミド，ガラス，ビニロンなど），成形法（エポキシ樹脂やビニルエステル樹脂などの結合材を含浸させ，

硬化させるなど）などによって異なる。材料の特性に関しては，工法ごとに定められた設計・施工マニュアルによることとし，その特性を勘案したうえで採用の是非を検討する。PC鋼材と異なる特性としては，リラクセーション率やクリープ破壊に対する耐力，引張り力－ひずみ関係，熱膨張係数などが挙げられる。

2）テンドンの許容拘束力（T_{ab}）

テンドンからグラウトへの応力伝達方式は，テンドンとグラウトとの付着力で伝達する方式と，引張り材に取り付けた拘束具とグラウトの付着力，摩擦力，支圧力，またはこれらの複合により伝達させる方式とに大別できる。

従来，付着強さの目安を立てるという意味から見掛けの表面積，見掛けの許容付着応力度の考え方を取り入れ，鉄筋コンクリートの付着強さの考え方に準じる方法が用いられてきている。この場合，異形鋼棒は異形鉄筋に準じ，PC鋼線，PC鋼より線，多重鋼より線は，丸鋼に準じた許容付着応力度を用いる。

解説表-6.3に土木学会コンクリート標準示方書を参考に設定した許容付着応力度を示す。グラウトとテンドンとの許容付着力より，必要なテンドン拘束長は**式（6.1）**より求めることができる。

$$l_{sa} = \frac{T_d}{U \cdot \tau_{ba}} \tag{6.1}$$

ここに，T_d：設計アンカー力

U：テンドンの見掛けの周長

τ_{ba}：許容付着応力度（**解説表-6.3**）

l_{sa}：テンドン拘束長

ここで，テンドンの見掛けの周長は，引張り材の種類やテンドンの組み方により異なり，試験により確認することが望ましい。参考として「建築地盤アンカー設計施工指針・同解説　日本建築学会　2001年」に示されている見掛けの周長の算出方法を**解説表-6.4**に示す。

テンドンと拘束具との許容拘束力は，テンドンと拘束具の取付け方法・取付

け部材の強度に依存するため，拘束具の構造形式，構成部材の種類に応じて現場での拘束状態に近い状態で破壊まで試験を行い，その結果得られた値に適切な安全率を考慮して決定する．

解説表−6.3 許容付着応力度[2]　　　　　(N/mm^2)

分類	引張り材の種類	グラウトの設計基準強度 18	24	30	40以上
ランクB	PC鋼線 PC鋼棒 PC鋼より線 多重PC〃	1.0	1.2	1.35	1.5
	異形PC鋼棒	1.4	1.6	1.8	2.0
ランクA	PC鋼線 PC鋼棒 PC鋼より線 多重PC〃	−	0.8	0.9	1.0
	異形PC鋼棒	−	1.6	1.8	2.0

注）ランクA，Bの区分は，**解説表−6.1**による

解説表−6.4 見掛け周長の算出例
（日本建築学会編：建築地盤アンカー設計施工指針・同解説，一部修正）

引張り材の種類	組み方	見掛けの周長
異形PC鋼棒 多重PC鋼より線	（円、径d）	$d \times \pi$ d：公称径
PC鋼より線 異形PC鋼棒	（7本束） （6本配置）	左図の破線の長さ ①②の小さいほう 　①左図の破線の長さ 　②単材周長の本数倍

3）アンカーの許容引抜き力（T_{ag}）

アンカーの許容引抜き力（T_{ag}）は，アンカーの極限引抜き力（T_{ug}）を安全率（f_s）で除した値を用いる．ここで，安全率（f_s）は，該当する基準に準拠することとし，建設する構造物の使用目的，アンカーの使用方法などによる重要度などを勘案して設定する．

本基準においては，これまでの実績から**解説表-6.5**に示す安全率を設定した。また，基本調査試験を実施した場合には，地盤の不均質性や施工条件を勘案したうえで，長期に供用するアンカー（ランクA）について**解説表-6.5**の値を低減してもよい。

解説表-6.5 極限引抜き力（T_{ug}）に対する安全率 f_s

アンカーの分類		安全率 f_s
ランク B		1.5
ランク A	（常　時）	2.5
	（地震時）	1.5～2.0

注）ランクA，Bの区分は，**解説表-6.1**による

地盤とアンカー体周面の摩擦抵抗に期待するアンカーのアンカー体長（l_a）は**式(6.2)**により算出する。

$$l_a = f_s \frac{T_d}{\pi \cdot d_A \cdot \tau} \tag{6.2}$$

ここに，T_d：設計アンカー力

d_A：アンカー体径

τ：周面摩擦抵抗

f_s：安全率（**解説表-6.5**）

アンカー体長はグラウトとテンドンとの付着から求まるテンドン拘束長（l_{sa}）あるいはグラウトと地盤の摩擦抵抗から求まるアンカー体長（l_a）から3～10 mの間で決定することを標準とする。

解説表-6.6に示す極限周面摩擦抵抗は，引抜き試験に先立ってアンカー体長を決める時の出発点として取り扱い，アンカーの形式，アンカー体長，施工方法を考慮して補正するなどの手続きを行うことを前提として利用されている。

実際のところ，現場の状況などにより基本調査試験を設計に先立って実施することが困難で，試験の実施時期は本体工事が開始されてからになることも多い。また，**解説表-6.1**ランクBのアンカーにおいて設置地盤の土質定数が十

分に把握できている場合や，岩盤，硬い粘性土，締まった砂地盤に設置する場合には，基本調査試験を省略することもできる．この場合には**解説表-6.6**を用いてアンカーの設計をしてよい．

解説表-6.6は，1975年以前にアンカー体のグラウトを加圧注入によって造成したアンカーの試験結果に基づいており，アンカー体径は削孔径と同じであると仮定している．なお，蛇紋岩や第三紀の泥岩などは，周面摩擦抵抗が極端に小さい場合があるため，**付録図-6.8**を参考にして周面摩擦抵抗を検討する．

解説表-6.6 アンカーの極限周面摩擦抵抗[3]

地盤の種類			摩擦抵抗（MN/m^2）
岩盤	硬岩		1.50～2.50
	軟岩		1.00～1.50
	風化岩		0.60～1.00
	土丹		0.60～1.20
砂礫	N値	10	0.10～0.20
		20	0.17～0.25
		30	0.25～0.35
		40	0.35～0.45
		50	0.45～0.70
砂	N値	10	0.10～0.14
		20	0.18～0.22
		30	0.23～0.27
		40	0.29～0.35
		50	0.30～0.40
粘性土			$1.0c$（cは粘着力）

注1) 加圧注入アンカーに対するデータを統計的に整理したものである．
注2) 本解説表については，本解説を十分に理解のうえ，取扱いに注意する必要がある．
注3) 蛇紋岩・第三紀泥岩・凝灰岩等の場合は，岩質区分から示される最小値よりも更に小さい摩擦抵抗しか得られない場合がある（**付録6-5参照**）．

6.7 定着時緊張力

定着時緊張力は，使用目的に応じ，地盤を含めた構造物全体の安定を考慮して決定する．

【解説】

1）初期緊張力と定着時緊張力

　初期緊張力は，アンカー頭部を緊張・定着する際にテンドンに与える引張り力の最大値であり，定着完了直後にテンドンに作用している引張り力を定着時緊張力という。

　解説図-6.8にアンカーに作用する荷重の経時変化の例を示す。この例では，定着時緊張力を，アンカー供用中にテンドンに作用している残存引張り力が，設計アンカー力を下回らないように与えている。アンカーを土留めや構造物の浮力対策で用いる場合には，初期緊張力などの設定が異なるため，こういった場合の例を**付録6-9**に示す。

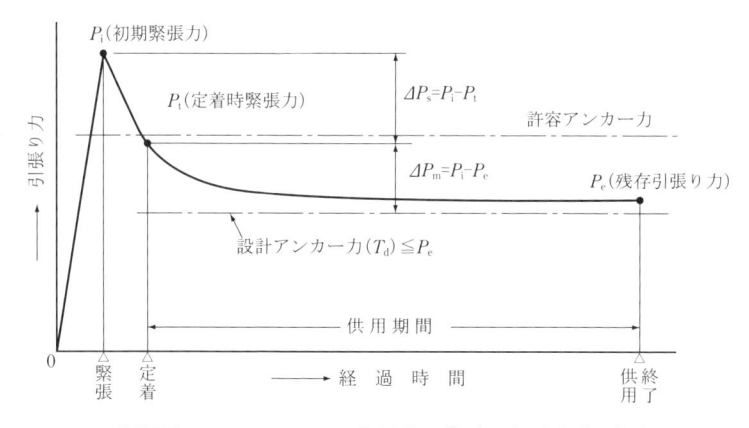

解説図-6.8 アンカーに作用する荷重の経時変化（例）

　残存引張り力は，地盤のクリープや引張り材のリラクセーションの影響により時間の経過とともに減少するだけでなく，土留めのアンカーのように掘削が進むにつれて増加する場合や地下水位の変動などの外力の影響により増減する場合もあるので，さまざまな増減の要素を考慮した定着時緊張力を求め初期緊張力を設定する。

　アンカーに作用する残存引張り力が，構造物が必要としているアンカー力（以下必要アンカー力と呼ぶ）を下回った場合，構造物の安定が損なわれる場合がある。アンカーは自身が持つ特性により，その残存引張り力が定着直後か

ら徐々に低下するので，残存引張り力が必要アンカー力を下回らないよう定着時緊張力を設定することが必要となる．こういった場合には，定着時緊張力載荷以降で最も大きい荷重を設計アンカー力としてアンカーの諸元を決定する．

特に本設構造物に用いるアンカーの場合は，供用期間が長いことから，残存引張り力の経時変化について，事前に十分検討しておく必要がある．構造物に作用する外力が変化する以外に，残存引張り力の大きさに影響する主な要因としては，定着時における緊張力の低下，地盤のクリープ，引張り材のリラクセーション，アンカー自由長部シースとテンドンの摩擦あるいは粘性土層の圧密などがある．

アンカーの初期緊張力と定着時緊張力に関しては**付録 6-8**，**付録 6-9** で詳細に記述してある．

2) アンカー頭部の変位量

アンカー頭部は引張り力を受け変位するが，許容変位量は，対象とする構造物により異なる．したがって，設計の際にはあらかじめ許容変位量を設定し，計算による変位量が許容値以内におさまるようにしなければならない．

アンカー頭部の変位量としては，テンドン自由長部の伸び縮みのほかにアンカー体自身の変位（地盤との相対変位）や地表面の膨れ上がりなどが考えられる．アンカー頭部の変位量の大部分は，テンドン自由長部の伸びに起因する．テンドン自由長の引張り材の各々の長さが同じ場合のテンドン自由長の伸びを式（6.3）に示す．なお，テンドン自由長部の伸びは適性試験により必ず確かめなければならない．

$$u = \frac{T \cdot l_{sf}}{A_s \cdot E_s} \tag{6.3}$$

ここで，u：テンドン自由長部の伸び
T：テンドン自由長部の引張り力
l_{sf}：テンドン自由長
A_s：引張り材断面積
E_s：引張り材弾性係数

6.8 構造物全体の安定

アンカーされた構造物の安定性は，外的安定および内的安定について検討する。

【解説】

構造物をアンカーにより安定させる場合，極限アンカー力に関する安全性だけではなく，構造物，アンカー，地盤を含む全体系の安定性について検討する。構造物全体の検討は，外的安定と内的安定について行う。

外的安定は，アンカー体を含む地盤全体の崩壊に対する安定であり，円弧や複合すべり面を仮定した分割法が一般に用いられる。土留めにおける構造物全体の安定性では，**解説図-6.9**に示すようなアンカー先端近傍ならびに床付け面以深を通るすべり面を仮定した分割法などが用いられる。斜面崩壊や地すべりの抑止工としてアンカーを採用する場合は，すべり面位置が変化することが考えられるので，すべり形状を変化させてアンカー先端の外側を通る種々のすべり面および潜在すべり面の存在を考慮したうえで，アンカー設置位置を決定し斜面全体の安定を検討する。

内的安定は，想定されるすべり線の外側にアンカー体を設置した場合に，地盤がアンカー体とともに過大な変位を生じないための検討である。土留め壁根入れ部分の仮想支点との間の深いすべり面の安定については，Kranzの方法等により検討する場合がある。掘削が深い場合の深い位置のアンカーでは，この検討は有効である。掘削が浅い場合には，アンカー体を設置しない領域を考慮することで安定性が満足される。アンカー体を設置しない領域の例については，**付録6-3**に示す。

なお，土留めにアンカーを用いる場合には，鉛直下向き分力の総和に対する，土留め壁の鉛直支持力の検討も必要となる。

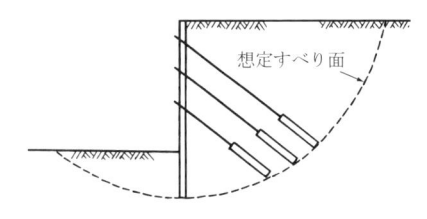

解説図-6.9 構造体全体の安定

6.9 その他のアンカー

除去式アンカーや拡孔型アンカーなどは，その原理・構造が多様であるため，設計に際しては工法独自の仕様・設計法を考慮する。

【解説】

アンカーの供用期間終了後，アンカーあるいはその一部を撤去する除去式アンカーは，次のような場合に採用される。

① 第三者所有の権利区域や道路面下に承諾を得てアンカーを施工する場合
② 隣接地に建設工事（シールドトンネル，地中埋設物，地下構造物，杭等）が予定されている場合
③ その他，アンカー使用後，アンカー設置地盤に障害物を残置したくない場合

除去式アンカーは，一般のアンカーと同様，テンドンの拘束機構によりアンカー体に主に引張り力が作用するタイプと圧縮力が作用するタイプに分類される。前者では，アンカー体を破壊するあるいはアンカー体内に空洞を作るなどの方法によってテンドンに対する拘束力を弱め，テンドンあるいはその一部を除去する。一方，後者では，引張り材にアンボンドタイプのものを使用し，先端でターンさせることにより一方から引き抜く，引張り材を回転させる，などの方法により除去する。

除去式アンカーには，その原理・構造によりさまざまな種類があり，種類ごとに設計法が異なる。例えば，アンカー長が長くなると除去しにくくなるアンカーでは，1本当たりの設計アンカー力を小さくしアンカー長が長くならないように設計する。PC鋼より線を折り曲げる仕様のアンカーの場合，それによる影響も考慮する。アンカーを除去する際には，人力で可能なものや機械が必要なものもあることから，除去時の状況もあらかじめ検討し種類を選択する。除去式アンカーといっても，除去後に拘束具などのアンカー体の一部やグラウトが地中に残る工法もあるので，除去条件にも配慮する。以上より，設計に際してはそれぞれの除去式アンカーの特徴を理解したうえで，設置条件を十分考

慮し設計する。

参 考 文 献

1) 土木学会：プレストレストコンクリート設計施工指針，1961.
2) 土木学会編：コンクリート標準示方書，1976.
3) 土質工学会：アースアンカー工法，1976.

第7章 施 工

7.1 一般

アンカーの施工は，地盤条件，環境条件，施工条件などを十分に把握して立案した施工計画書に基づき実施する。

【解説】

アンカーは，土留め支保工，構造物の浮上がりや転倒の防止工，地すべり対策工や斜面・のり面の安定工など様々な目的で用いられている。また，使用材料や荷重伝達方式，防食方法などの種類により多種多様なものが存在している。このため，アンカーの施工もその目的や施工場所，およびアンカーの構造・仕様に合った方法で行なうことが望ましい。したがって，アンカーの施工にあたっては，このような点に十分留意し，工事内容や現場の施工条件などを把握し，安全確保・災害防止・周辺環境の保全がはかられるようにするとともに，アンカーの設計仕様を満足し適切な品質が得られるように施工計画を立案する。施工は，アンカーに関する十分な知識と経験などを有する責任技術者の指導のもとに専門の作業者が施工管理を行う。なお，専門の作業者としては，しかるべき資格を持ったものを選定することが望ましく，これによってさらに的確な施工が可能になる。

7.2 施工計画

（1）アンカーの施工に際しては，設計仕様を満足するアンカーを造成するために，各施工段階における施工方法や施工管理方法・管理基準を定める施工計画書を作成する。

（2）施工計画は，現場およびその周辺の安全と環境保全やアンカーの維持管理に対して配慮したものとする。

【解説】

アンカーの施工にあたっては，地盤条件，環境条件，施工条件などの諸条件を十分に把握したうえで，施工方法，施工管理，品質管理，および安全管理に関する詳細な計画を立案し，これらに基づき施工計画書を作成する。また，施工計画書には，施工管理基準を明示するとともに維持管理にも配慮する。

施工計画書に記載する標準的な項目には以下のものがある。

① 工事目的
② 工事概要（名称，場所，工期，仕様，数量，地盤条件等）
③ 計画・設計条件
④ 工程
⑤ 工事管理組織編成表
⑥ 使用機器
⑦ 使用材料
⑧ 仮設計画
⑨ 作業手順・施工要領
⑩ 施工管理・品質管理計画
⑪ 安全管理計画
⑫ 技術資料・カタログなど
⑬ その他

上記の項目は，一般的な事例として示したものであり，工事における必要性を考慮して，適切に追加・削除し，該当工事に最適な施工計画を立案する。

アンカー工事の一般的な施工手順例を，**解説図-7.1** に示す。

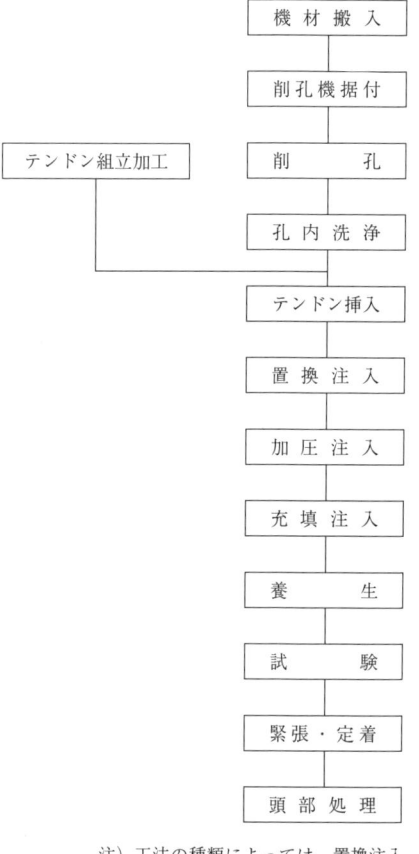

注）工法の種類によっては，置換注入の後にテンドン挿入を行う場合もある。

解説図-7.1　施工手順例

（フロー：機材搬入 → 削孔機据付 → 削孔 → 孔内洗浄 → テンドン挿入 → 置換注入 → 加圧注入 → 充填注入 → 養生 → 試験 → 緊張・定着 → 頭部処理；テンドン組立加工 → テンドン挿入）

7.3 施工および施工管理

（1）アンカーの施工および施工管理は，施工計画書に基づき実施する。

（2）アンカーの施工において計画時に想定した条件と異なる事態が生じた場合には，その原因を速やかに調査し，必要に応じて適切な対策を講じる。

【解説】

（1）アンカーの施工は，施工計画書に基づき行われるので，責任技術者はその内容を十分に理解し，把握しておく必要がある。特に，工事の目的・規模・施工条件・周辺環境・設計条件・地盤条件・近接構造物などについては施工において注意を要する。

施工管理は，作業手順の項目ごとに管理するものであり，その管理基準値を外れた場合には，適切な処置を講じる。施工管理項目の例を**解説表-7.1**に示す。なお，管理基準値は，従来から実施されてきた試験・設計・施工などから経験的に定められたもの[1]があるので，それらを参考に設定することが望ましい。

（2）アンカーの施工において，計画時に想定のできないトラブルが生じる事例として，地盤条件・地下水および地中障害物に関するものなどがある。

地盤条件に関するものには，地層の不陸や断層等の地層構成の複雑さに起因して生じるものが多い。この場合のトラブルは，所定のアンカー体設置地盤が得られないこと，地盤条件と削孔機械の非適合により施工能力が著しく低下すること，および，透水性の大きい地盤や割れ目・空洞のある岩盤等で削孔水またはグラウトが逸失してしまうことなどである。また，削孔時の転石等の障害，アンカー受圧構造物背面地盤の耐力不足なども地盤条件に関するものとして挙げられる。

地下水に関するものには，アンカー設置位置が地下水位以下の場合や，削孔時に想定外の被圧水に遭遇し，水圧により削孔口元から地下水や土砂が噴出し施工不能に陥ること，および，地下水流の影響でグラウトが希釈され，あるい

解説表-7.1 施工管理項目一覧例

作　業　項　目		管　理　項　目
削　　孔	機械搬入	施工機械検収
	削孔機据付け	据付け精度
	削　孔	削孔径（ビット径）
		削孔長検尺
		アンカー体設置地盤
	孔内洗浄	洗浄水濃度
テンドン組立加工	材料納入	材料品質
	組立加工	テンドン本数
		テンドンの仕様
		テンドン全長
		テンドン自由長
		テンドン拘束長
テンドン挿入	挿　入	損傷・汚れ
		緊張余長
注　　入	材料納入	材料品質
	練混ぜ	材料の計量
		投入順序
		練混ぜ時間
		水温
		流動性
	置換注入	注入量
		排出置換グラウト濃度
	加圧注入	注入圧力
	ケーシング引抜き	テンドン共上り
	充填注入	充填不足
緊張・定着	緊張装置搬入	緊張装置の検収
	定着具搬入	定着具の検収
	養　生	グラウト強度
	台座設置	受圧構造物の強度
		頭部背面処理状態
		台座設置状態
	定着具取付け	定着具設置状態
	緊　張	緊張力
		荷重-変位関係
	定　着	定着時緊張力
頭　部　処　理	背面処理	防食処理状態
	頭部処理	防食処理状態

は周辺地盤に流出し所定のアンカー体が得られないことなどがある。

　地中障害物に関しては，主に都市部のアンカー工事で多く，想定外の地中埋設物が障害となったり，想定した位置と異なることによるトラブルが発生することがある。

　アンカー施工において何らかの不測の事態が生じた場合には，その原因を速やかに調査し，適切な対策を講じるものとする。

7.4　材料の保管
（1）使用する材料は，その機能を損なうことのないように保管する。
（2）材料の保管時には，必要に応じて，材料の化学物質等安全データシートを明示する。

【解説】

　アンカー施工に使用する定着具やテンドンおよびその加工用材料の保管は，環境条件が良く，調達・運搬等を考慮し，施工に支障のない適切な場所で行う。保管場所は，水平で平らな所を選択し，地表面と直接接しないようにし，雨水・湿気・塩分・泥等の付着で材料の品質に有害な影響を与えないように配慮する。特に袋詰めセメントは，雨水・湿気の影響がない場所に地表面から離して保管する。バラセメントの場合には，気密性を十分に保つことのできるサイロに保管する。

　アンカーで使用する注入材，防錆材，止水材等は，化学物質安全データシートの内容，取扱い上の注意事項を作業員に周知し，作業員が常に閲覧できるように掲示する。

7.5 削孔

（1）アンカーの削孔は，設計図書に示された位置，削孔径，長さ，方向などについて，施工計画書で定めた管理値を満足するように行う。

（2）アンカーの削孔により，周辺地盤への影響が懸念される場合には，適切な方法を用いてこれを防止する。

（3）孔口から著しい出水や土砂の噴出が生じ，アンカー体のグラウトの品質確保に支障を及ぼす状態が予想される場合には，アンカー体が完成するまでこれを防止できる適切な処置を行う。

（4）孔内洗浄は，地盤条件や施工条件に応じて清水またはエアなどの方法により行う。

（5）礫地盤や崖錐地盤または割れ目が多い岩盤の場合には，アンカー体のグラウトが地盤内に逸失することが懸念される。この場合には，グラウトによる事前注入などを行う。

【解説】

削孔は，アンカーの品質や施工の工期・経済性に大きな影響を与える特に重要な作業工程であるため，設計仕様・地盤条件・施工条件・施工規模などを考慮して削孔機械や削孔システムを選定し，アンカーの品質が十分満足できるものとなるように管理を行いながら施工する。また，削孔中の管理では，単なる施工管理のみに留まらず，周辺環境に対する影響や安全性の確保といった点にも配慮する。

（1）アンカーの削孔にあたっては，次の点に留意する必要がある。

① 削孔方法は，孔壁崩壊を防止でき，テンドン挿入やグラウト注入などが確実に実施可能な方法を採用する必要があるので，ケーシング削孔を標準として検討し，適切な方法を選定する。

② 削孔精度の管理値は，構造物の重要度や使用目的，アンカーの仕様などを考慮して定め，アンカーが他の既設構造物に悪影響を与えないように，また，施工するアンカー同士が相互に干渉しないように設定する。

③ 削孔中に排出されるスライムの色・状態や削孔速度などにより，アンカー体設置地盤の位置や層厚を推定し，設置地盤としての妥当性確認の参考とする（**付録表-3.1**のような調査時の情報と比較して判断する。）。

施工に際しては，地盤条件，地下水条件，施工条件，環境条件などを考慮して，造成されるアンカーの品質が最適なものとなるように削孔方法を選定する。

通常使用されている削孔機には，ケーシングに回転と押込み力を与えて削孔するロータリー式削孔機，ケーシングに回転と空気圧または油圧による打撃を加えて削孔するロータリーパーカッション式削孔機がある。ロータリー式削孔機は，砂礫地盤や玉石混じり砂礫地盤では一般に施工能率が低下するが，ダウンザホールハンマーとの組合せで岩盤などを効率的に削孔することができる。ロータリーパーカッション式削孔機は，二重管式削孔と単管式削孔の選択が可能で，単管削孔によるロータリー式としても使用できる。また，ダウンザホールハンマーの組合せで削孔もできることから，適用地盤範囲の広い削孔機である。その他，騒音等の規制がある現場では，ケーシングに回転と油圧による振動を加えて削孔するバイブロ式削孔機が使用されている。

削孔径は，通常，設計においてアンカー体径として定められるが，テンドン挿入の際の挿入不能やケーシング抜管時のテンドン共上がりを防ぐために，ケーシングの最小内径とテンドン最大径の差が10 mm以上確保できるように設定することが望ましい。

削孔精度は，アンカーの削孔方法により異なるが，比較的均質な地盤の場合で一般的に[1]1/100～1/200といわれている。しかし，砂礫層や崖錐層および不均質な互層地盤においては，1/50以下になる場合もある。アンカーが長尺であったり，設置間隔が狭く，互いに干渉し合いアンカーの性能に影響を及ぼす可能性のある場合には，必要な削孔精度が得られるように削孔方法に十分留意する必要がある。また，削孔機の据付精度は，誤差の最大要因となるので，施工開始前とその直後に位置および施工角度を確認し，その都度修正することが必要である。

（2）孔口付近が緩い地盤の削孔では，削孔排水が周辺の地盤を乱し，孔口

付近を崩壊させる恐れがある。孔口付近に重要構造物がある場合，特に軌道の下部などを削孔する際は，二重管削孔方式を採用するなど，極力地盤を乱さない削孔方法にする必要がある。

　（3）地盤内の水位が孔口位置より高い場合や，被圧状態でアンカーを施工する場合，削孔時における地下水や土砂の流出のトラブルに加え，テンドン挿入，アンカー体注入，ケーシング引抜き時における地下水や土砂の流出，グラウトの逆流などの現象が発生し，アンカーの品質確保に支障を及ぼすことが懸念される。主なトラブルとしては，削孔口元のケーシング回りからの地下水および土砂の流出，ケーシング内への地下水や土砂の流入による削孔不能，ケーシング引抜き時のグラウトの逆流，アンカー打設完了時の口元からの地下水や土砂の流出やグラウトの逆流などが挙げられる。これらは，水圧の大きさに加え，地盤の種類によっても大きく左右される。例えば緩い砂地盤の場合，地下水に加えて土砂の流出が激しく，背面地盤の陥没など大きな事故につながるおそれもある。

　したがって，地下水位以下や被圧状態でアンカーを施工する場合，削孔開始時からアンカー体造成が完成するまで，適切な方法を用いて水圧による地下水や土砂の流出およびグラウトの逆流を防ぐことが必要である。これらの対策としては，二重管削孔や逆止弁付きビットによる削孔，口元管や止水ボックス，グラウト逆流防止装置の使用，口元パッカーのテンドンへの装着などが挙げられる。施工に際しては，地盤の種類と被圧の程度，施工条件に応じて，アンカーの各作業工程で必要な止水対策を適宜組み合わせて対処する。

　（4）削孔終了後には，清水またはエアを用いてスライム等を排除する孔内洗浄作業を行い，連続作業として，テンドン挿入およびアンカー体注入を速やかに行わなければならない。特に，泥岩や凝灰岩等のスレーキング性を有する軟岩では，掘り置きにより所定の周面摩擦抵抗が得られないことがあるので注意する。

　（5）礫地盤や崖錐地盤または割れ目が多い岩盤においては，グラウトが地盤中に逸失して健全なアンカー体を形成することができず，所定の設計アンカー力が得られないことがある。調査の段階で想定されている場合には，その

対応策に応じ対処する。突発的な場合，例えば，削孔時過大な漏水が認められた場合には，注入方法を検討のうえ，必要に応じてセメント系グラウトによる事前注入を行う。

事前注入は，アンカー体設置部のケーシングを引き上げてグラウトを孔内に満たすことによって行われる。グラウトには，セメントペーストやセメントモルタル，逸水防止材を使用したセメントペーストなどが用いられ，逸失の程度により使い分けられている。再削孔は，一般に6時間以上養生した後に行う。再削孔時，過大な漏水が認められた場合にはこれを繰り返すか，グラウトの変更などを検討する。その他の対策として，アンカー体部またはテンドン全体を袋状織布などで包みアンカー体を造成する方法もある。

7.6 テンドンの組立加工

（1）テンドンは，設計仕様に基づきその機能を損なわないように組立加工する。

（2）テンドンは，所定のグラウトの被りを確保し，孔の中央部に位置するように組立加工を行う。

（3）テンドンの切断は，その特性を損なわないように行う。

【解説】

（1）テンドンは，アンカー頭部に加えられた引張り荷重をアンカー体に伝達する重要な役割を果たす部材であるため，加工にあたっては，設計図書に明示された材料を用いて，その機能を損なわない方法で組立加工する必要がある。また，組立加工は，シースやセントラライザーなどの部品を用いて実施するため，その部品の取扱いについても注意する。

テンドンには，油や土などが付着しないように注意して取り扱い，万一付着した場合は，これらを取り除いてから組立加工を行う。

なお，連続繊維補強材を用いるアンカーについては，現場での組立加工が困難なことから，工場での組立加工を原則とする。

（2）テンドンは，腐食環境から保護して長期にわたるアンカーの良好な品質が保持できるように，孔壁と直接接触しないようにする。また，所定のテンドンの拘束力を発揮させるために，アンカー体部のグラウトの被りを確保することが必要である。したがって，グラウトの被りとして，シースを使用しない場合は引張り材と孔壁の被り，シースを使用する場合は引張り材とシース間およびシースと孔壁間の被りが必要である。組立加工においては，セントラライザーなどの部品を用いて適切なグラウトの被りが確保できるようにする。

シースは，アンカーの耐久性を保証する重要な部材であるので，傷や穴等の損傷を与えることがないように取り扱う。

グラウトの逸失防止対策として，アンカー体部またはテンドン全体を袋状織布などで包みアンカー体を造成する場合は，袋状織布に損傷を与えないようにするとともに，固定部ではグラウトの漏出がないようにする。

（3）ガス切断等の熱を加える方法でテンドンを切断すると，材質が変化する原因を与えることになるため，その切断においては，テンドンの特性を損なわないディスクカッターなどによる方法で行う必要がある。

7.7 テンドンの取扱い

テンドンは，傷をつけたり，鋭く曲げたり，または，防食用材料を破壊したりすることのないように注意して取り扱う。アンカー体のグラウトと付着する部分のテンドンは，機能を損なうものが付着しないようにていねいに取り扱う。

【解説】

テンドンは，アンカーの重要な部材であるため，これを損なわないように取り扱う。テンドンは，製造時に抜取り検査が行われ，所定の規格値を満足していることを確認した後に出荷されているが，その後の現場での挿入作業までの間でも，傷による損傷や過度の曲げがないように注意を払う必要がある。また，アンボンド加工された鋼材においては，シースや防錆材などの防食用材料

を損傷することがないように取り扱う。

　テンドンは，グラウトとの付着を損なう油や土などが付着しないように注意して取り扱うものとし，加工後のテンドンにおいては地表面に直接置くことを避け，十分な保護措置を講じる。

> **7.8　テンドンの挿入と保持**
> 　テンドンの挿入は，有害な損傷や変形を与えない方法を用いて所定の位置に正確に行い，グラウトが硬化するまでテンドンが動かないように保持する。

【解説】

　テンドン運搬の際は，テンドンを傷つけないように注意する。挿入前の仮置きの際もテンドンを直接地表面に置くことを避け，挿入時には油や土などが付着しないように注意し，その作業中には，よじれ・損傷しないようにする。

　テンドンが長尺の場合や，狭隘な施工場所での挿入の際は，テンドンを引き伸ばさずに挿入可能な回転装置やローラーを使用する。

　挿入したテンドンは，グラウト注入から緊張・定着が終了するまで，振動や変形を与えることがないようにする。

> **7.9　注　入**
> 　注入は，置換注入と加圧注入，充填注入により行われる。
> （1）置換注入
> 　置換注入は，孔内における排水や排気を円滑に行うため，アンカーの最低部から開始することとし，その作業は，注入したグラウトと同等の性状のものが孔口から排出されるまで，中断せずに連続して行う。
> （2）加圧注入
> 　加圧注入は，アンカー体周辺の地盤条件に応じた適切な方法を用いて実

施する。
　（3）充填注入
　充填注入は，自由長部の空隙充填と地山の緩みを抑えるために実施する。

【解説】
　グラウトの練混ぜは，原則としてミキサーとアジデーターを使用し，注入作業中に一定のコンシステンシーを確保する。ミキサーは，連続して注入作業が可能な製造能力が必要である。グラウト用材料の投入順序は，混和剤の種類によって適宜定め，ミキサーの能力，グラウトの配合に合わせた練混ぜ時間を設定し，所定のグラウトを得ることができるようにする。また，1バッチ分のグラウトの練混ぜが完全に終了してからアジテーターに移し，次バッチの練混ぜを行う。注入は，グラウトポンプによって行い，一般的にピストン式が用いられているが，高濃度のグラウトや圧送距離が長い場合には，スクイズ式あるいはスネークポンプなどが用いられる。
　グラウトは，一般的に施工性の良さからセメントペーストが使用されており通常 W/C＝40～55％ 程度の配合が用いられることが多い。セメントモルタルは割れ目の多い岩盤や透水性の高い砂礫地盤などで事前注入用として利用されている。グラウトは，所定の品質が得られるように，圧縮強度試験による品質管理を実施する。また，施工性を確認するために，注入前にフロー値を測定する。
　（1）グラウトの置換注入は，削孔内の排水や排気を確実に行うため，グラウトが孔口から排出されるまで中断せずに連続的に行う。孔口から排出されるグラウトは，注入されているものと同程度の濃度を有していることを確認する必要がある。置換注入は，孔底から順次行い，グラウトが希釈されたり，空洞ができないようにゆっくりと行う。
　（2）加圧注入の方法には，ケーシング加圧とパッカー加圧がある。一般的にはケーシング加圧が行われているが，被圧水下や上向き打設のアンカーではパッカー加圧が採用されている。

（3）充填注入の主な目的は，アンカー自由長部シースの外側と地盤の空隙をグラウトにより埋めて自由長部分の防食機能を増加させること，および，孔壁周囲の地盤の緩みや風化を抑えることであるので，その作業は適切な方法を用いて実施する。

解説表-5.1に示した防食構造Ⅱ以上のアンカーでは充填注入を必ず行うものとし，防食構造Ⅰのアンカーではその必要性がある場合に行う。

7.10 養生

アンカーは，グラウトの注入終了からテンドンの緊張までの間，ならびに定着から頭部処理までの間に，異物が付着したり，機能を損なうような変形や振動を受けないように養生を施す。

【解説】

アンカーは，注入後のグラウトが所定の強度に達するまで動かないようにし，十分なグラウトの養生を行うものとする。また，テンドン頭部は，異物が付いたり，雨水にさらされたりしないようにするとともに，建設機械などが接触しないように十分保護する。

7.11 緊張定着

（1）アンカーは，グラウトが所定強度に達した後，適性試験・確認試験によって所定の試験荷重や変位特性を確認し，所要の残存引張り力が得られるように初期緊張力を導入する。

（2）アンカー頭部の定着作業は，所定の定着時緊張力が得られるように行う。

（3）初期緊張力は，セット量を考慮して決定する。

（4）緊張装置は，キャリブレーションしたものを使用する。

【解説】

(1) アンカーの緊張・定着は，グラウトが所定の強度に達した後に行うものとする。グラウト強度の確認は，一般的にテストピースを用いた圧縮強度試験で行われている。

(2) アンカーの定着作業は所定の定着時緊張力が得られるように次の点に注意して行う。アンカー頭部の支圧板，アンカーヘッド・くさびなどの定着具は，乾燥した状態で保管し，使用直前に取り出してごみやほこりが付着していない品質の良好なものを用いる。テンドンの緊張余長にグラウトなどが付着していたり，有害な錆が認められる場合には，これを取り除き清浄な状態として用いる。緊張・定着時にアンカー頭部に偏心が生じる場合には，球座やテーパー座金などにより補正する。アンカー頭部における設置角度の許容誤差は，引張り材の種類によって異なる。一般にPC鋼より線の場合で±5°以下であるが，PC鋼棒などでは種類によってはこれより小さくしなければならない場合もある。なお，連続繊維補強材の場合には±2.5°以下とする。

(3) テンドンの定着の際にセット量がある場合には，これによる引張り力の減少を考慮する必要がある。特に，くさび定着方式においては，比較的大きいセット量が生じることから，定着の際のセット量をあらかじめ確認して，テンドンの引張り力の減少量を検討する。セット量とは，アンカーを定着する時に引張り材が引き込まれる長さをいう。セット量は，アンカーの定着工法・仕様により異なっているので，施工する工法に対して確認しておくことが必要である。

また，一つの定着具で複数の引張り材を定着する場合には，各引張り材に均等な緊張力が伝達されるような方法を用いて緊張・定着を行う。

初期緊張力は，危険防止のため，いかなる場合においてもテンドンの種類に対応した限界の引張り力を超えてはならない。なお，限界の引張り力とは，鋼材の場合で降伏点の90%，連続繊維補強材の場合で目安として極限引張り荷重の75%をいう。緊張・定着の際には，万一テンドンが破断したりすると危険であるため，安全対策として，載荷時には緊張装置の背後に立ち入ったり通行してはならない。

(4) 緊張装置に付いている荷重計の示度は，必ずしも真の引張り力を示さないことがあるため，事前に緊張装置のキャリブレーションを行って，荷重計の示度が正しい値を示すことを事前に確認しておく必要がある。

7.12 頭部処理

(1) アンカー頭部背面には，アンカー頭部およびアンカー自由長部との境界部の防食を目的として，緊張・定着前に，設計図書に示された方法で頭部処理を行う。

(2) アンカー頭部には，アンカー頭部の防食や防護を目的として，緊張・定着後速やかに頭部処理を行う。

【解説】

頭部処理の実施については，**第5章5.1**の【解説】文の内容に従う。

(1) アンカー頭部背面は，自由長部とアンカー頭部の境界に位置し，防食構造が不連続になり易い部位である。防食の観点から，アンボンドされた引張り材がくさび或いはナットに定着される接合部での止水性，防食処理が重要である。また，支圧板背面は，空洞にならないように防食用材料や，グラウト等で充填することが必要である。

(2) アンカー頭部は，雨水等の気象環境による腐食，および外的物質の接触から守るための手段として頭部処理を行う。アンカー頭部をキャップで覆い，キャップ内に防錆油等の防食用材料を充填する。アンカー頭部が大きな損傷を受けやすい場合には，キャップの上をコンクリートで被覆する場合もある。

緊張定着後すぐに頭部処理ができない場合には，雨水等で定着具・テンドンが錆びないように仮の防食処置を行い，掘削機械等で接触のないように保護処置を行う。

7.13 アンカーの除去

アンカーの除去は，各種の除去式アンカー工法に適合する方法を用いて，テンドンに作用している緊張力を完全に除荷した後に行う。

【解説】

除去式アンカーは，その供用期間を終えた後に引張り材を撤去できる構造を有したものをいうが，その原理・構造は各工法で異なっており，それぞれ独自の仕様・設計・施工方法を有している。したがって，工法ごとに引張り材の除去方法も異なっているため，作業においては，各工法に適した安全な方法を用いて行う必要がある。

除去式アンカーを撤去する場合は，その作業直前までアンカーが供用状態にあるため，最初にテンドンに導入されている緊張力を除荷しなければならない。緊張力の除荷は，一般に定着具背面の引張り材をガス溶断する方法が用いられている。土留め壁にアンカー頭部を直接定着する場合には，ガス溶断スペースを確保するために，定着作業時に定着具背面に除荷用の台座を取り付けておく必要がある。

7.14 記 録

アンカー維持管理の段階で必要なデーターについては，記録し保存する。

【解説】

アンカーの諸元，図面及び施工時の各記録は維持管理を行っていく上で重要である。例えば，リフトオフ試験の計画時には，事前に試験の最大荷重の設定を行い，それに応じたジャッキの手配をする必要がある。また，アンカー頭部を保護しているコンクリートを壊して定着部材等の腐食調査をする場合にも，事前に各工法による頭部保護材料の準備をする必要がある。各点検，調査，対策を円滑に計画し，機械，材料の調達するために，特に必要な記録の項目を以

下にあげる。
- 施工時期
- アンカーの緒元（工法，削孔径，アンカー体長，アンカー自由長，アンカー設置地盤）
- 図面（アンカー配置平面図・断面図，アンカー頭部の詳細図，テンドン組立て図）
- 材料（テンドンの部材，断面積，ヤング係数）
- 緊張時の試験記録（弾性変位量，塑性変位量，クリープ係数）
- 定着時緊張力，設計アンカー力

記録の保存管理は，発注者または，施設管理者とする。

参 考 文 献

1）(社)日本アンカー協会：グラウンドアンカー施工のための手引書，2003.

第8章 試　験

> 8.1　一般
> 　設計に必要な諸定数などを決定するための基本調査試験，実際に使用するアンカーの性能を確認するための適性試験および確認試験を行う。

【解説】
　アンカーの使用目的に対して適切に設計を行うとともに，適切に施工されているどうかをアンカーの試験によって確認する。

　試験は，アンカーの設計に必要な諸定数を決定するための「基本調査試験」，実際に使用するアンカーの性能を確認するための「適性試験および確認試験」に分類される。**解説表-8.1**にアンカー試験の概要比較を示す。

　アンカーの設計および施工に際して行う試験は下記のとおりである。

　　1）基本調査試験
　　　① 引抜き試験
　　　② 長期試験
　　2）適性試験・確認試験
　　　① 適性試験
　　　② 確認試験
　　3）その他の確認試験

各試験の目的，確認項目および実施時期などの概要を付録に示す。

解説表-8.1 アンカー試験の概要比較

項目	試験の種類	基本調査試験 引抜き試験	基本調査試験 長期試験	適性試験	確認試験
1) 目的		アンカーの設計に用いる定数を求める。	使用期間中の残存引張力の推定のための定数を求める。	アンカーの設計と施工が適切であったかどうか確認する。	設計アンカー力に対しても安全のためかどうか確認する。
2) 実施時期		実施設計を行う前	施工前	施工時の初期段階	施工時
3) 計測の主な関係		極限引張り力に至るまでの荷重～変位量関係	長期間における残存引張り力～時間関係数	多サイクル載荷時の荷重～変位量関係	1サイクル載荷時の荷重～変位量関係
4) 試験の対象アンカー		試験用アンカー	供用アンカーと同じ仕様の試験アンカー	供用するアンカー	供用するアンカー
5) 試験本数		1本(一般に) ※設置地盤、施工法ごと 供用アンカーと同じが望ましい	1本(一般に) ※設置地盤、施工法ごと	施工本数×5%かつ3本以上	適性試験分を除く その他の全てのアンカー全数
6) 計画最大荷重 (T_p)注2)		$T_p \geq T_{ug}$ 場合によっては、$T_p \geq T_u$	$T_p = 1.1 T_d$	ランク A: 1.25 T_d ランク B: 1.10 T_d 1.0 T_p, 1.00 T_p	ランク A: 1.25 T_d ランク B: 1.10 T_d
7) 荷重サイクル数		5〜10サイクル	1サイクル	5サイクル以上	1サイクル
8) 各サイクルの最大荷重(例)		0.40 T_p, 0.55 T_p, 0.70 T_p, 0.80 T_p, 0.90 T_p, 1.00 T_p	1.1 T_d (先行の1サイクル載荷時) 1.1 T_d (長期試験時)	0.40 T_d, 0.60 T_d, 0.80 T_d, 1.0 T_p, 1.00 T_p	ランク A: 1.25 T_d ランク B: 1.10 T_d
9) 載荷時間持時間注5) 新規荷重		15 min以上(付録表-8.2参照)	60 min後、7〜10日間 (付録表-8.4参照)	1〜180 min (設置地盤による) (付録表-8.6参照)	1〜15 min (設置地盤による) (付録表-8.9参照)
変位の安定		1〜2 min注5)		1〜2 min注5)	1〜2 min注5)
10) 計測時期		1 min/3 min以下	0, 1, 2, 5, 10, 15, 30, 60 min, 以後30 min間隔で7〜10日間	通常:$h_r/t_r = 3.0$で変位 $\Delta s \leq 0.5$ mm 最大試験時間:クリープ係数 $\alpha \leq 2.0$ mm	砂質土・岩盤:2〜5分の間の変位 $\Delta s \leq 0.2$ mm 粘性土:5〜15分の間の変位 $\Delta s \leq 0.25$ mm 最大試験時間:クリープ係数 $\alpha \leq 2.0$ mm
11) 判定項目		極限引張り力 (参考)弾性変位量、テンドン自由長	引張り力の低下係数 供用期間中における残存引張り力の推定値	各新規荷重内で適切 弾性変位量、見掛け自由長 クリープ係数	各新規荷重内で1 min ごと 設計アンカー力が安全 弾性変位量
12) (ほぼ)該当する前基準		引抜き試験	長期試験	多サイクル引抜き確認試験	1サイクル確認試験

注1) 記号: T_p: 計画最大荷重, T_d: 設計アンカー力, T_u: 極限アンカー力, T_{ug}: アンカー極限引張り力, T_{ys}: テンドンの降伏引張り力, PC 鋼材 (連続繊維補強材)
注2) 計画最大荷重 T_p は, どのアンカー試験においても $T_p \leq 0.9 T_d$ (PC 鋼材), $T_p \leq 0.75 T_p$ を目安値とする。
注3) 初期荷重 T_0 は, 0.1 T_p を目安値とする。場合によっては $(T_p/10 \sim 20)$ に左記値に変更しても可。
注4) 各荷重段階の載荷速度は, 増加荷重時 $(T_p/5 \sim 10)$ kN/min, 減荷重時に次のステップに進む。
注5) 目安であり、変位の安定を確認した後に確認できると判断する場合は、荷重保持時間を短縮してもよい。
注6) 荷重保持時間内で、変位が安定したと判断できる場合は、荷重保持時間を短縮してもよい。

8.2 試験の計画
(1) 試験の計画
1) 試験計画書
　試験の実施にあたっては，その目的を満足するように十分な検討を行い，試験計画書を作成する。
2) 安全管理
　試験は責任技術者の管理のもと安全が確保できるように十分に留意して行う。
(2) 試験精度
試験における計測精度は，アンカーの設置条件や試験の目的に応じて決定する。
(3) 試験装置
試験に使用する加力装置は，十分なストロークを持ち，荷重を一定に保ちうるものとする。また，反力装置は，計画最大荷重に対して十分な強度と剛性を有するものとする。
(4) 試験荷重
試験荷重はテンドンの強度特性などを考慮して定める。
試験最大荷重は，何れの試験においても下記の通りとする。
　PC鋼材：降伏引張り荷重×0.9以下
　連続繊維補強材：極限引張り荷重×0.75以下

【解説】
(1) 試験の計画
アンカーの試験実施に先立ち，下記項目について検討・調査を行い，円滑に試験が行われるように試験計画書を作成する。
　試験計画書に記載する項目の例
　1) 試験概要
　　　地盤条件

アンカー使用目的

試験目的と試験の種類

試験実施位置
2）施工方法

施工計画（使用機械，使用材料，施工管理，品質管理等）

仮設計画
3）試験方法

試験装置

載荷計画

計測項目および計測装置

試験結果の判定基準および判定方法
4）安全管理

安全管理項目

安全管理体制

(2) 試験精度

試験における計測精度は，アンカーの設置条件や試験の目的に応じて，責任技術者の判断で決定する。

(3) 試験装置

試験装置は，加力装置，反力装置，および計測装置からなり，試験の種類，目的，計画最大荷重，現場の状況などに応じて適切なものを選定する。

1）加力装置

加力装置には通常，油圧ジャッキと油圧ポンプが用いられる。これらは，計画最大荷重に対して余裕のある載荷能力を持ったものを選定する。**付録8-2(1)** に加力装置の一例を示す。

2）反力装置

極限引抜き力や極限拘束力を正確に把握するため，計画最大荷重載荷時に発生する応力や変形について十分な検討を行う。**付録8-2(2)** に反力装置の一例を示す。

3）計測装置

計測装置は，試験の精度を満足する仕様のものを選定する。また，試験における最大変位量を事前に予測し，これに対応できるものとする。**付録8-2（3）**に試験装置の一例を示す。

（4）試験荷重

試験荷重はテンドンの強度特性などを考慮して定める。この章で述べるアンカーの試験は，その機能，性能を調べるために実施する試験であるので，アンカーの機能・性能をテンドン自体の破断荷重で求める必要はない。よって試験最大荷重は，何れの試験においても，PC鋼材の降伏引張り荷重の0.9倍以下，テンドンが連続繊維補強材の場合は極限引張り荷重の0.75倍以下とする。

8.3 基本調査試験

（1）引抜き試験

アンカーの極限引抜き力およびその挙動を把握し，アンカーの設計に用いる諸定数などを決定するために行う。

引抜き試験に用いる試験アンカーは，極限引抜き力が確認できるようにアンカーの諸元を定める。

（2）長期試験

アンカーの長期的挙動を把握し，アンカーの設計に用いる諸定数などを決定するために行う。

長期試験に用いる試験アンカーは，実際に供用されるアンカーと同様な仕様条件で施工されたアンカーとする。

【解説】

基本調査試験は，設計に必要な諸定数を求めるために行う。基本調査試験の実施は，アンカーの計画・設計前が望ましいが，現場の状況，条件等に応じて責任技術者が判断する。

（1）引抜き試験

引抜き試験は，試験アンカーの極限引抜き力を調査するとともに，アンカー

諸元を決めるための基本データを得る目的で行う。引抜き試験は，アンカーの極限引抜き力を求めるための試験とし，この試験結果からアンカー体の極限周面摩擦抵抗（τ_u）あるいは極限支圧抵抗（q_u）を算出することができる。

また，引抜き試験結果から得られたデータは，アンカー設計・施工時の検討資料とする。

1) 試験アンカーと計画最大荷重

アンカーの極限引抜き力は，アンカーの種類や施工方法によって大きく異なることがあるため，引抜き試験に用いる試験アンカーは供用するアンカーと同じ方法で施工する。アンカー体の設置地盤が複数にわたる場合や，アンカーの種類，削孔径が異なる場合には，それぞれについて引抜き試験を行う。**付録図 8-5** に引抜き試験用アンカーの設置例を示す。

計画最大荷重は，試験アンカーが極限状態，すなわち地盤とアンカー体との間に終局的な破壊が生じて引抜けるように計画するが，試験の安全性を確保するために，使用するテンドンの物性を考慮して計画最大荷重を決定する。

テンドンにPC鋼材を用いる場合の計画最大荷重は，テンドン降伏引張り荷重の0.9倍以下，テンドンが連続繊維補強材の場合は極限引張り荷重の0.75倍以下とする。

2) 載荷方法と計測項目

載荷は，荷重と弾性変位量および塑性変位量の関係を求めることができる多サイクル方式で実施する。サイクル数をできる限り多くとることによって試験の精度を向上させることができるが，一般には5～10とすることが多い。また，サイクル数は，試験の状況に応じて責任技術者の判断により変更・決定することができる。

3) 試験結果の整理と判定

付録 8-3（1） に試験の結果の整理と判定例を示す。

(2) 長期試験

長期試験は，アンカーに作用しているテンドンの残存引張り力が時間の経過とともに減少する大きさを求め，設計時のアンカー力を決定するために必要に応じて実施する。

アンカーの長期試験には，時間経過に伴って定着時緊張力が低下していく過程を調査する「リラクセーション方式」と，同一荷重を保持させてアンカーの変位量が時間経過とともに増加する過程を調査する「クリープ方式」の2種類がある。本基準での長期試験は，試験の実施が比較的容易な「リラクセーション方式」とした。

長期試験では，アンカー頭部と反力盤の変位量を7～10日間計測するが，試験終了時の残存引張り力が所要の残存引張り力を下回る場合には，設計アンカー力を低減するなどの処置をとる。

1）試験アンカー

長期試験に用いる試験アンカーは，実際に供用されるアンカーと同一仕様のものが望ましい。

2）載荷方法と測定項目

本基準における長期試験では，リラクセーションによる荷重の低下量を計測する。試験における残存引張り力には，アンカーの反力盤の沈下量が含まれることがあり，アンカー挙動に起因する引張り力の減少を正確に評価することができない場合がある。

この反力盤の沈下による荷重低下を評価するために，長期試験に先立ち，1サイクルでの載荷を行う。このときの最大荷重は，設計アンカー力の1.1倍とする。

3）試験結果の整理と判定

付録8-3（2）に試験の結果の整理と判定例を示す。

8.4 適性試験

実際に使用するアンカーを多サイクルで所定の荷重まで載荷し，その荷重－変位量特性から，アンカーの設計および施工が適切であるか否かを確認するために行う。

試験は，実際に用いるアンカーの一部から選定し，アンカー体を設置した地盤，アンカーの諸元，打設方法などを考慮し，施工数量の5％かつ3本以上とする。

【解説】

　適性試験は，設計で要求される性能に対して，実際に造成されたアンカーがこれを満足する品質を有するかどうかを判定するために行う。設計で要求される性能とは，設計アンカー力に対して十分安全であること，かつ適正な荷重－変位量の関係を有することである。

　（1）試験アンカー

　適性試験は，上記の規定（施工数量の5％かつ3本以上）の他に，アンカーの品質に影響を及ぼすと考えられる周辺環境条件が変化した場合や，グラウトの配合の変更など施工条件を変えた場合等においても実施することが望ましい。

　なお，試験の頻度は責任技術者の判断によって変更・決定することができる。

　（2）試験方法

　載荷は，荷重と弾性変位量および塑性変位量の関係を求めることができる多サイクル方式で実施する。サイクル数をできる限り多くとることによって試験の精度を向上させることができるが，一般的には5サイクル以上とすることが多い。また，サイクル数は，試験の状況に応じて責任技術者の判断により変更・決定することができる。

　1）載荷方法と計測項目

　載荷方法は，「多サイクル」とし，所定のサイクルで載荷と除荷を繰返し行う。

　計画最大荷重はテンドンの強度特性や**解説表-6.1**による供用期間や構造物の重要度による分類などを考慮して定める。ただし，次に示す荷重を超えないものとする。

　　　ランクA　設計アンカー力 $(T_d) \times 1.25$

　　　ランクB　設計アンカー力 $(T_d) \times 1.10$

　計測項目は荷重，変位量（頭部・反力盤），時間等とする。

　2）試験結果の整理と判定

　付録8-4（2） に試験の結果の整理と判定例を示す。

8.5 確認試験

実際に使用するアンカーに1サイクルで所定の荷重まで載荷し，アンカーが設計アンカー力に対して安全であることを確認するために行う。

確認試験に用いるアンカーは，適性試験に用いたアンカーを除くすべてとする。

【解説】

確認試験は，適性試験と同様に，設計で要求される性能に対して，実際に造成されたアンカーがこれを満足する品質を有するかどうかを判定するために行う。設計で要求される性能とは，設計アンカー力に対して十分安全が確保されていることである。

（1）試験アンカー

確認試験は，適性試験（施工数量の5％かつ3本以上）を実施するアンカーを除くすべての供用されるアンカーに対して実施する。

（2）試験方法

載荷は，適性試験（多サイクル試験）と比較するという観点から，塑性変位量も確認できるように1サイクル方式で実施する。

1）載荷方法と計測項目

載荷方法は，「1サイクル」とし，載荷と除荷を行う。

計画最大荷重はテンドンの強度特性や**解説表-6.1**による供用期間や構造物の重要度による分類などを考慮して定める。ただし，次に示す荷重を超えないものとする。

　　ランクA　　設計アンカー力（T_d）×1.25
　　ランクB　　設計アンカー力（T_d）×1.10

計測項目は荷重，変位量（頭部・反力盤），時間等とする。

2）試験結果の整理と判定

付録8-5（2）に試験の結果の整理と判定例を示す。

> ### 8.6 その他の試験
> その他，上記以外の試験は，責任技術者のもとで，その目的に応じて，試験アンカー，試験装置，載荷方法，計測項目などについて十分な検討を行い，試験計画を立てて実施する。

【解説】
　その他の試験とは，使用目的または対象構造物の重要を考慮して，基本調査試験および適性試験・確認試験に加えて行う特殊な試験である。
　主なものとして，以下の試験がある。
　（1）繰返し試験
　（2）群アンカー試験
　（3）定着時緊張力確認試験（リフトオフ試験）
　（4）残存引張り力確認試験（リフトオフ試験）
これらは，通常の設計手法では対応できない設計に対して，設計前に行うべき試験，あるいはテンドン，グラウト，拘束具など供用前に室内試験等によって強度などを確認する試験である。
　試験にあたっては，試験アンカー，試験装置，載荷方法，計測項目，試験結果の整理方法，判定基準などについて十分な検討を行い，試験計画を立ててから実施することが重要である。
　（1）繰返し試験
　風力，波力を受けるアンカーや索道のステーとしてのアンカーなどには繰返し荷重が作用する。繰返し荷重を受けるアンカーは，その設置地盤によっては繰返し荷重により地盤性状が変化して，アンカーの極限引抜き力が低下したり，想定していた以上の変位が発生する恐れがある。このような場合には繰返し試験を行い，その結果を反映させて設計することが必要となる。
　付録8-7（1）に試験の概要および考え方を示す。
　（2）群アンカー試験
　2本以上のアンカーのアンカー体設置間隔が，ある程度以下になると地中に

発生する応力が互いに干渉し，アンカーの極限引抜き力が低下することが考えられる。これをグループ効果と呼ぶが，やむを得ずアンカー体の設置間隔を狭くして計画せざるを得ない場合には，このグループ効果による低減量を考慮した設計が必要になる。このような場合には，責任技術者のもとで群アンカー試験を実施し，グループ効果による低減量を検討しておくことが望ましい。群アンカーについては，**6.2** を参照。

（3）定着時緊張力確認試験（リフトオフ試験）

定着時に所定の緊張力を保持できないアンカー，適性試験においてクリープ係数（a）を満足できないアンカー，確認試験において，クリープ挙動に疑問のあるアンカーを対象とし，試験アンカー数は判断に必要な本数とする。試験の主な仕様は**付録8－6（1）**に示す。

（4）残存引張り力確認試験（リフトオフ試験）

リフトオフ試験は，供用期間中に所定の大きさの残存引張り力が保持されないような不安のある地盤に設置したアンカー，荷重が増大するような条件下に設置したアンカー，および維持管理において疑問を生じたアンカーに対して行う。

試験の概要および考え方は**9章　維持管理**を参照。

第9章　維持管理

> ### 9.1　一般
> 　アンカーは，点検・調査等を計画的に実施し，当初の機能を持続させなければならない。点検は定期的に行うことを基本とするが，豪雨などの異常気象あるいは地震が発生した場合は，必要に応じて速かに点検を行う。
> 　点検の結果，必要と判断されれば健全性調査を行い，健全性に問題があるアンカーには適切な対策を講じる。

【解説】
　アンカーは，外力の作用により変位しようとする地盤をテンドンの緊張力を保持することで抑え込み，安定化をはかる抑止工法である。したがって，緊張力を継続的に保持し続ける必要上，施工してからの維持管理が重要である。施工箇所は急峻な場所も多く，建設段階で**解説図-9.1**のようなのり面の点検用施設等を設置するなど，維持管理作業をしやすくしておく必要がある。

　アンカーの維持管理は，点検・健全性調査・対策からなる。アンカーや周辺の構造物・地盤に対し，定期的に点検や観測・計測を行い，アンカーの健全性に問題がありそうな場合には健全性調査を実施し，補修・補強・更新などの適切な対策を講じる必要がある。アンカーの維持管理の流れを**解説図-9.2**に示す。

　アンカーは将来の維持管理を効率的かつ効果的に実施するために，必要なデータ・資料・図面等を整備し，維持管理において常に利用可能な状態で保存することが望ましい。

　健全性調査は，重要構造物の近接箇所などアンカーの機能維持が重要である場合や点検により異常が認められる場合に，より詳細にアンカーの状態を調査し，健全性を確認するために行われる。フローでは健全性調査の必要性を判定したうえで実施する流れとなっているが，定期的に健全性調査を実施し，アン

カーの状態を把握し記録に残すことが望ましい。

調査の結果，すでに抑止能力が低下しているアンカーやその機能が低下する恐れのあるアンカーに対して適切な対策を実施する。また，当初施工したアンカーの耐久性向上や延命化のために，必要に応じて補強対策を行うことがある。

解説図-9.1 のり面の点検用設備

第9章 維持管理

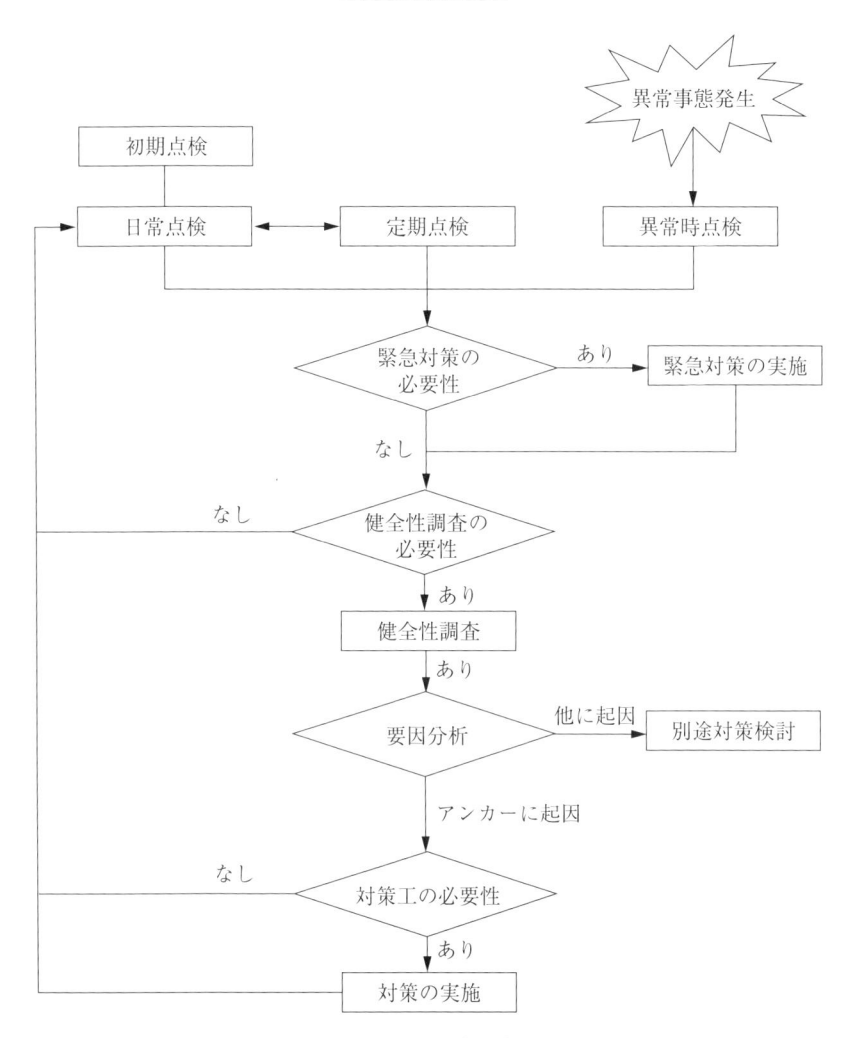

解説図-9.2 アンカー維持管理の流れ

9.2 アンカーの点検

（1）点検項目

点検項目は，現地の状況を考慮して決定する。

（2）点検の期間と頻度

点検は継続して行う必要があり，その頻度はアンカーの使用目的・用途・周辺の状況などを考慮して決定する。

（3）点検結果の評価

点検結果については記録に残し，それを評価することによって，さらに詳細な健全性調査が必要かどうかを判断する。

【解説】

アンカーの点検は，維持管理の流れの中で，問題点を適切に捉えるための出発点となる重要な業務である。具体的には，地盤の安定や構造物の機能低下につながる損傷などを把握し，評価・判定・記録することにより行われる。

アンカーの点検は，初期点検・日常点検・定期点検・異常時点検からなる。点検の実施に当たり，あらかじめ点検の頻度，体制，点検の範囲および方法等について点検計画を作成し，定期的かつ計画的に点検を行う。計画の作成に当たっては，周辺施設の重要度や，変状が発生した場合の影響度などを考慮し，点検の頻度を密にするなどの対応をはかる。計画の作成に当たっては，点検において異常が確認された場合の対応策（連絡体制・応急対策・対応体制など）なども盛り込んでおくとよい。

（1）点検項目

点検項目および点検の方法は，点検の種別によって設定する。

① 初期点検

アンカーが施工されて比較的早い時期に，アンカーの状態を把握するために行う。点検では，全数に対し近接目視・打音検査・寸法計測などを行う。

② 日常点検

一般的には管理施設の巡回点検の中で異常の有無を確認する。点検は，

遠方目視等を基本とする。

③ 定期点検

アンカーが設置されたのり面について，徒歩による近接目視等を基本とし，主に個々のアンカーについての状況を把握するために行う。

④ 異常時点検

日常点検の補完や異常気象時等に，必要に応じて行う。

以下にアンカーが地盤に設置された場合を想定して，主な点検項目を述べる。

1) アンカー頭部の変状

アンカーが破断したり引き抜けた場合，地盤の沈下などにより変位した場合，**解説図-9.3**のようにアンカー頭部に変状として現われることが多い。ま

解説図-9.3 アンカーの破断による頭部の飛び出し事例

解説図-9.4 のり枠の損傷事例

た，落石などによってアンカー頭部が損傷を受けるとアンカー頭部の防食機能が損なわれ耐久性が大きく低下する。点検時には，目視や打音・計測などによってアンカー頭部の破損や変状を把握することが重要である。また，アンカーに荷重計が設置されている場合は，残存引張り力を継続して計測する。

2）受圧構造物，アンカーされた構造物の変位および変形

アンカーの緊張力が低下したり，過緊張や腐食によるテンドンの破断が発生した場合，受圧構造物やアンカーされた構造物に**解説図-9.4**のようにクラックや盤ぶくれという変状が発生することが多い。これらの変状を観察することは，地盤や構造物全体の動きを把握するのに役立つ。点検時には，構造物の亀裂やクラック・破損・劣化・変形・沈下などを目視や計測で確認する。

3）周辺地盤の変状

地盤の強度の変化，斜面の不安定な範囲の変化など，のり面等の対象構造物全体の動きを観測することは外力の増加への対策を検討する上で重要である。周辺地盤の変位，変状を目視により把握するが，必要に応じ傾斜計・地中変位計・伸縮計などの観測機器を設置し，変位の収束を確認するまで計測を継続して行う。

それぞれの点検における主な点検項目を**解説表-9.1**に示す。

（2）点検の期間と頻度

アンカーは地盤や地下水などの影響を受けやすいため，点検は継続して行う。点検の頻度は，一般的には施設の管理者の点検要領などに準じて設定されるが，アンカーの使用目的やその重要度，周辺の状況などを考慮して決定する必要がある。それぞれの点検における頻度と数量の目安を**解説表-9.2**に示す。

また，点検によって異常が確認されたアンカー，健全性調査や対策工を実施したアンカーについては，その後の点検頻度を多くする等の対応が必要である。

第9章 維持管理

解説表-9.1 主な点検項目[1)]

対象	点検項目	点検手法	初期	日常	定期	異常時
アンカーの飛び出し	アンカーの飛び出しの有無	目視，頭部の浮き量計測など	◎	◎	◎	◎
	アンカー緊張力	荷重計の計測データ	△	△	△	△
頭部コンクリート	浮き上がり，剥離	目視，頭部の浮き量計測など	○		○	△
	破損，落下	目視，維持管理記録など	◎	◎	◎	◎
	劣化，クラック	目視，クラック幅の計測など	○		○	
	遊離石灰	目視	○		○	
	湧水の有無	目視	◎		◎	
	補修の有無	目視，維持管理記録など	○			
頭部キャップ	破損，変形，落下	目視	◎	◎	◎	◎
	材料劣化	目視，打音など	○		△	
	固定状況・固定状況	目視	○		△	
	湧水の有無	目視	◎		◎	
	補修の有無	目視，維持管理記録など	○			
	シール部劣化	目視				
防錆油	油漏れ	目視	◎		○	
支圧板	浮き	目視，打音など	○			
	湧水の有無	目視	◎		◎	◎
	錆・腐食	目視	○		△	
受圧板，受圧構造物	変形，沈下	目地の開き，ずれなど	○			○
	コンクリート劣化	目視	○		△	
	遊離石灰	目視	○		○	
	破損，落下	目視，維持管理記録など	◎	◎	◎	◎
	亀裂，クラック	目視，クラック幅の計測など	○		△	
	背面地山からの浮き	目視，浮き量計測など	○		△	
	補修の有無	目視，維持管理記録など	○			
	錆・腐食（鋼材）	目視	○		△	
湧水	湧水量，湧水箇所など	目視，湧水量計測，スケッチなど	◎	△	△	◎
周辺状況	沈下，変位など	周辺の調査など	◎	△	△	◎
地山全体の変状	変位量，沈下量，天端・犬走り上のクラックなど	目視，測量，スケッチ，傾斜計・伸縮計等の計測，クラック幅の計測など	◎	△	△	◎
周辺構造物の変状	沈下，変位など		◎	△	△	◎

◎：実施する，○：可能な限り実施する，△：必要に応じて実施する

解説表-9.2 点検の頻度と数量の目安（参考）[1]

種　類	頻　　　度	数　　　量
初期点検	構造物完成後維持管理開始前	全数
日常点検	通常の巡回時	視認できる範囲
定期点検	施工完了後3年まで：年1回 3年以後：3～5年に1回 （重要度の高いもの：年1回）	目視点検は全数（全体） 10%かつ3本以上
異常時点検	豪雨や大地震など異常時直後	目視点検は全数（全体）

（3）点検結果の評価

点検の結果にもとづき，アンカーおよび地盤・構造物等の健全性（健全性調査の必要性）を判定する。また，明らかに健全性に問題があり，第三者への被害の可能性がある場合は，緊急対策の実施について検討する。

健全性（健全性調査の必要性）の判定は，対象とする地盤・構造物等の重要度の大きさ，周辺状況（住居・施設など），アンカーの供用年数などにより異なり，現場条件に応じて行うことになる。一般的な条件のアンカーに対する健全性調査の必要性の判定の考え方の例を**解説表-9.3**，**解説表-9.4**に示す。判定により，アンカーおよび地盤・構造物等の健全性に問題がある可能性が大きいと判断された場合には，より詳細な健全性調査を実施し，これらの調査結果に基づき，アンカーの健全性を評価し，対策を講じなければならない。

なお，**解説表-9.4**に示した評価に該当しない場合でも，次のような場合には健全性調査を実施することが望ましい。

① 各々のアンカーには異常が確認されていないが，地盤・構造物等に何らかの異常が見られる場合
② 個々のアンカーの異常は健全性調査が必要と判断されるレベルではないが，類似の要因に起因すると見られる軽微な異常が一定の範囲に集中している，あるいは非常に広範囲にわたって発生している場合
③ 防食機能が十分でないもので，定期的な健全性調査が実施されていない場合

健全性に問題のある可能性が大きくないと判定された場合には，以降の健全

解説表-9.3 点検結果からの健全性調査の必要性評価（例）[1]

点検項目		点検内容	評価[注1]
調査・設計・施工資料	調査・設計資料	地盤が腐食環境	Ⅲ
		地下水が豊富	Ⅲ
		劣化・風化しやすい地質	Ⅲ
アンカーの状態	アンカーの飛び出し	頭部の飛び出し	Ⅰ
	残存引張り力（荷重計が設置されている場合）[注2]	荷重計の値（殆ど残存引張力なし）	Ⅰ
		荷重計の値（定着時緊張力の0.8倍以下）	Ⅱ
		荷重計の値（設計アンカー力以上）[注3]	Ⅱ
		荷重計の値（設計アンカー力の1.1倍以上）	Ⅰ
アンカー頭部の状態	頭部コンクリート	破壊・部分的な欠損	Ⅱ
		1mm幅を超える程度のクラック	Ⅱ
		頭部コンクリートから遊離石灰	Ⅲ
		頭部コンクリート浮き上がり	Ⅰ
		頭部コンクリート背面に隙間	Ⅲ
		頭部コンクリート背面から水の漏出	Ⅱ
	頭部キャップ	頭部キャップの損傷	Ⅱ
		頭部キャップの材質劣化・腐食	Ⅱ
		固定ボルトの破壊・腐食	Ⅲ
		頭部キャップ周辺の防錆油漏れによる汚れ	Ⅲ
	支圧板	頭部・支圧板の浮き（目視による確認）	Ⅱ
		支圧板が人力で回転可能	Ⅰ
		支圧板背面からの水の漏出	Ⅱ
		支圧板周辺の汚れ	Ⅲ
受圧板・構造物の状態	亀裂・クラック	数mm幅以上のクラック，連続した亀裂	Ⅱ
	変形・沈下	受圧板・構造物の大きな変状	Ⅱ

注1）これらは目安であり，点検内容でも程度のひどいものについては1ランク高い評価を下すなどの判断が必要。ここで，
　　Ⅰ：アンカーの健全性に問題があると推測される
　　Ⅱ：アンカーの健全性に問題がある可能性が大きいと推測される
　　Ⅲ：アンカーの健全性に影響があると推測される
注2）荷重計が設置されており，正常に動作している場合
注3）待受効果を期待して，定着時緊張力を設計アンカー力よりも大きく低減して定着した場合

解説表-9.4 健全性調査の必要性判定の考え方（例）[1]

評価結果	判定	対応
Ⅰ：1つ以上 又はⅡ：2つ以上 又はⅢ以上：3つ以上	健全性に問題のある可能性が高く，詳細な調査が必要	健全性調査の実施 （状況に応じて緊急対策実施）
上記以外	健全性に問題のある可能性あり	経過観察 （状況に応じて軽微な補修実施）

性調査において，周辺状況やアンカーおよび地盤・構造物等の重要性などの現場条件に応じてアンカーの健全性を判断することになる。また，健全性調査を実施しない場合には，例えばのり面のモニタリングを行い，何らかの異常が発生した場合には対策するなど，様々な観点から対応を検討しなければならない。

9.3 アンカーの健全性調査

（1）調査方法

調査項目と方法は，対象となるアンカーの状態や現場条件などを考慮し決定する。

（2）調査結果の評価

調査結果から健全性を評価することによって，対策の必要性および方法を検討する。

【解説】

アンカーの点検により健全性調査が必要と判定されたアンカーを対象に健全性調査を実施して，より詳細にアンカーの状態を確認し健全性を評価する。

（1）調査方法

アンカーの健全性調査に際しては，まず事前調査を実施して健全性調査の計画に必要な資料を収集し，対象とするアンカーの状態や現場条件などを考慮して適切な手法を選定する。健全性調査計画は，調査・試験の実施方法や施工管理方法を，現場およびその周辺の安全と環境保全を配慮して詳細に定める。

解説表-9.5 健全性調査の調査・試験項目と実施数量の目安（参考）[1]

調査・試験種別	実 施 数 量 の 目 安
頭部詳細調査 目視調査	事前調査により決定
頭部詳細調査 露出調査	健全性判定で健全性調査が必要とされたアンカーとその周囲（上下・左右）および、それを除いた本数の20%かつ5本以上
リフトオフ試験	健全性判定で健全性調査が必要とされたアンカーとその周囲（上下・左右）および、それを除いた本数の5%かつ3本以上
頭部背面調査	健全性判定で健全性調査が必要とされたアンカーとその周囲（上下・左右）および、それを除いた本数の5%かつ3本以上
モニタリング	モニタリング用の計測装置が設置されたアンカー

　健全性調査における調査・試験項目、実施する数量の目安を**解説表-9.5**に示す。
　それぞれの健全性調査の詳細については、以下に解説する。
　1）事前調査
　事前調査は、健全性調査の各種調査・試験の実施が可能であるかを判断する資料を得るために行う調査で、既存資料調査・現地踏査などからなる。既存資料調査では、維持管理における事前調査（維持管理用カルテなど）、点検の既存資料からアンカーの諸元、アンカー頭部の状況、受圧構造物の変状の有無などを調査し、健全性調査・試験の計画の参考資料とする。
　また、現地踏査により、アンカー定着地盤・構造物の外観を調査し、アンカーの打設位置などを確認するとともに、作業足場や通路、資機材の運搬・移動方法や電力調達などを検討するための調査を行う。
　2）頭部詳細調査
　頭部詳細調査は、外観調査と頭部を露出させての調査からなる。
　① 目視調査
　アンカーに何らかの変状が発生している場合、アンカー頭部に変状が発生することが多いため、外観の目視による調査により点検結果を確認する。外観調査の主な内容を以下に述べる。

a) 頭部コンクリート（モルタル）の変状

頭部コンクリートによる直接被覆の場合，頭部の浮き上がり・落下・破損が最も顕著な変状とみなすことができる。原因としては，テンドンの破断，受圧構造物の沈下や劣化，落石や流木等の外力，凍上や雪荷重，付着力不足などが考えられる。

b) 頭部キャップの変状

頭部キャップの破損等の変状は，テンドンの破断，落石や流木等の外力，雪荷重などが原因として発生する（**解説図-9.5**）。

c) 水の影響

アンカー頭部背面において，地下水の影響による遊離石灰の付着や雑草の繁茂が見られる場合があるが（**解説図-9.6**），いずれも背面からの水分の供給があったと考えられる。アンカー頭部への水の供給は，アンカーの腐食など耐久性に影響を与えることが多いため，調査において必要な項目としている。

d) 防錆油の流出

頭部キャップ内からの防錆油の流出がある場合は，その状況と原因について調査を行う。

② アンカー頭部を露出させての調査

外観調査に引き続き頭部を露出させての調査を行い，変状原因の確認を行う。頭部を露出させての調査は，頭部キャップの場合，ねじ接合を外すことにより容易に行うことが可能であるが，頭部コンクリートの場合はコンクリートのはつり作業が必要となる。頭部を露出させての調査の主な内容を以下に述べる。

a) 頭部キャップ

頭部キャップの破損の有無とその状況，固定状況やシール材の劣化状況を確認し，必要があれば交換等を行う。

b) 防錆油

頭部キャップ内の防錆油の残量を確認し，減少が認められる場合は原因を究明する。防錆油の変色・変質が発生している場合は，状態を記録し，必要に応じてサンプリングを行う。充填不足や劣化などが確認された場合，その原因を

解説図-9.5 アンカー頭部の破損事例

遊離石灰の付着　　　　　　　　雑草の繁茂
解説図-9.6 アンカー頭部の破損事例[1]

取り除き，補充または交換する。
　c）再緊張余長部
　再緊張余長部のテンドンの腐食状況，引き込まれや不揃いの有無を確認する。この時，再緊張余長の計測を行い，リフトオフ試験実施のための資料とする。
　d）定着具の腐食状況
　コンクリートや防錆油を完全に除去した後に定着具の腐食状況，くさびの食い込み，すべりなどを観察する。
　e）支圧板
　支圧板の浮きを目視または打音で確認し，同時に腐食状況を調査する。ま

た，支圧板背面からの湧水の有無を確認する。

　頭部を露出させての調査を行った後（リフトオフ試験や頭部背面調査を行った後）は，復旧を行う。復旧は，以後の調査を考慮して，頭部キャップによる頭部処理の実施が望ましい。

　3）リフトオフ試験

　リフトオフ試験は，アンカーの残存引張り力を測定する試験である。

　アンカーの残存引張り力は，地盤のクリープやテンドンのリラクセーションなどの影響により時間の経過とともに少しずつ減少するが，外力の変化や地盤の変位の影響を受けた場合は大きく緊張力は増減する。また，アンカーの健全性に問題が発生した場合も大きく変化することがある。よって，荷重計による計測やリフトオフ試験実施により，残存引張り力を把握することでアンカー施工の目的物およびアンカーが健全な状態にあるか否かを確認する。

　試験は，細かいピッチの単調載荷により行うが，試験方法を【付録9-1】に示す。試験の実施に際しては，テンドンの再緊張余長が十分かどうかの判定が必要になる。再緊張余長は，油圧ジャッキによる載荷のための引張り材の連結長となるため，一般的にPC鋼より線の場合は10 cm以上，ナットタイプのテンドンの場合はカップラーを連結するねじ代以上の長さが必要である。再緊張余長が十分でない場合でも，特殊な冶具等により定着具を直接つかむ装置も開発されてきているため，専門家の意見を参考にするとよい。

　リフトオフ試験は，施工用の油圧ジャッキを使用して実施されることが多く，急勾配斜面など現地制約のある場所では試験を行うのが困難であった。しかしながら，近年維持管理を目的として軽量化された油圧ジャッキが開発されており，これらを活用することで，より効率的にリフトオフ試験を実施することが可能となっている。

　リフトオフ試験結果によるアンカーの健全性の判定は，計測された残存引張り力が定着時緊張力に対してどのように変動しているかを評価して行う。一般的には，残存引張り力が定着時緊張力に対して80%以上，かつ設計アンカー力以下であれば健全な状態にあると判定できる。試験時において，定着時緊張力や設計アンカー力が不明な場合には，テンドンの構成などから許容引張り力

を推定して，これに対する比較で評価する。

　残存引張り力の減少が認められたアンカーにおいて，その原因が外的要因によるものか，健全性に問題があることによるものか，リフトオフ試験結果だけで判断することが困難な場合がある。これに対して，テンドンの引張り強さやアンカーの引抜き力，拘束力が設計アンカー力に対し十分な機能を有しているか，引張り試験等により確認する方法がある。ただし，アンカーの破断等により復旧が困難となることがあるので，アンカーの状態や安全に試験を行うことができるか検討したうえで，試験の実施を判断する必要がある。

　アンカーが健全な状態でないと認められる場合には，原因の検討や調査とともに経過観察の実施や対策の検討を行う必要がある。

　なお，リフトオフ試験の実施にあたっては，アンカーの飛び出しに対して油圧ジャッキを固定するなどの対策を講じ，試験中は油圧ジャッキの正面や真下には入らないなど，安全に十分配慮することが重要である。

解説図-9.7　リフトオフ試験

4) 頭部背面調査

アンカーの緊張力を解除して定着具を取り外し，かつ復旧することが可能なアンカーについて，頭部背面の防食機能および状況の確認を目的として頭部背面調査を行う。

アンカーの定着方式がナット定着の場合は比較的容易に緊張力の解除を行うことができるが，くさび定着では，くさびの解放時と復旧のための再緊張時に十分な再緊張余長を有することが必要であるため，調査前に十分な検討と判断が必要になる。

頭部背面調査における主な内容を以下に述べる。

a) アンカー頭部背面構造の調査

頭部背面部が連続した防食構造となっているか否かを確認する。適切な防食構造を有する場合には，有害な傷等の有無，止水機能の劣化状況等を調査する。

b) テンドンの腐食状況

錆の発生位置，進行状況などを調査する。

c) 防錆材の充填状況

頭部背面部に防錆油を用いているアンカーでは，防錆油の充填量および変質の有無を調査する。

d) 地下水等の混入状況

テンドンが水浸になっていないか，土砂などの異物混入がないかなどを確認する。

e) 支圧板背面部の変状

支圧板背面部の変状，コンクリート面のクラックや遊離石灰の有無などを調査する。

5) モニタリング

アンカーの残存引張り力は，**解説図-9.8**に示すように，施工時にアンカーに設置した荷重計（ロードセル）により連続して行うことができる。残存引張り力のモニタリングは，外力の変化による荷重の上昇や構造物・のり面の変位による荷重の低下等の有無を監視して，アンカーの健全度，地盤・構造物等の

解説図-9.8　荷重計（ロードセル）

安定度を評価することを目的とする。

　荷重計設置によるモニタリングには，計測が容易，経時変化が測定可能である，気象条件による影響が推測できるなどの利点がある。しかし，すべてのアンカーへの設置することは経済的にも合理的でなく，また，荷重計の耐用年数が10年程度であるなどの課題も有している。最近では長期耐久性に優れた荷重計も開発されてきており，適用に際しては設置位置，データの収集頻度と方法を考慮し導入することとする。

　残存引張り力の健全度については，リフトオフ試験結果の評価と同様，残存引張り力が定着時緊張力に対して80％以上，かつ設計アンカー力以下を健全な状態と判定することができる。これを外れた場合には，原因の検討とともに対策の必要性について検討を行う。

（2）調査結果の評価

　健全性調査の結果は，個々のアンカーの健全性を示すものである。よって，

実施した調査・試験の結果をもとに個々のアンカーの健全性を評価する。それと同時に、アンカー定着構造物の設計基準等を考慮して地盤・のり面の安定、構造物全体の機能低下の有無など、全般にわたる評価もあわせて行う必要がある。

9.4 対策

対策は、耐久性の向上対策、補修・補強、更新などの目的を明確にし、計画を立案し実施する。

【解説】

正常なアンカーは、**解説図-9.9**のように、経年変化とともにその機能が徐々に低下していく傾向にある。また機能の低下はアンカーごとに一様でなく、なかには土圧等の影響により緊張力が増加するものもあり、**解説図-9.10**のような緊張力分布を示すのが一般的である。健全性調査の結果から、対策工が必要と判断されたアンカーについては、その度合に応じて適切に対策する必要がある。対策には、実施する目的から、耐久性向上対策、補修・補強、更

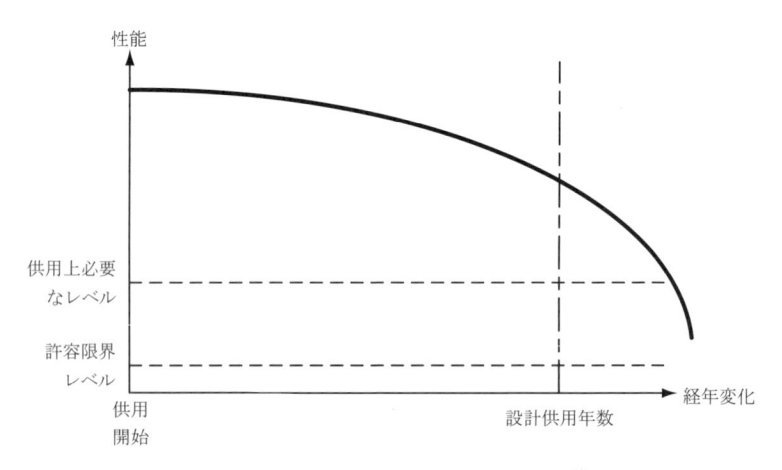

解説図-9.9 正常なアンカーのイメージ[1]

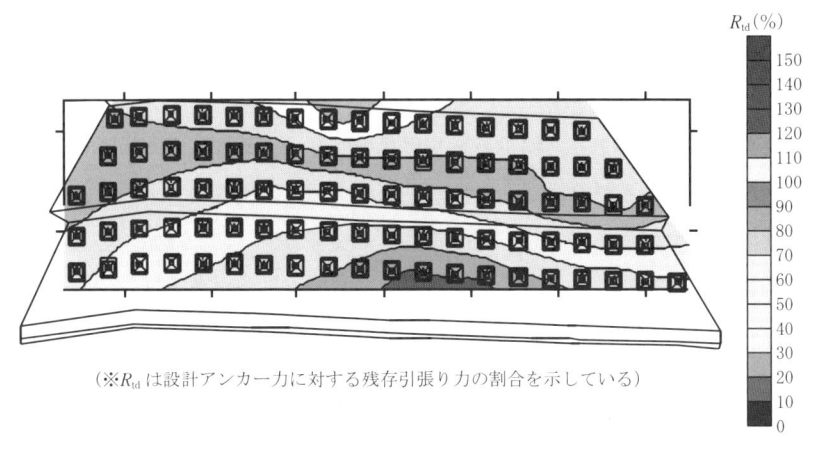

第9章 維持管理

解説図-9.10 アンカーの緊張力分布例[2]

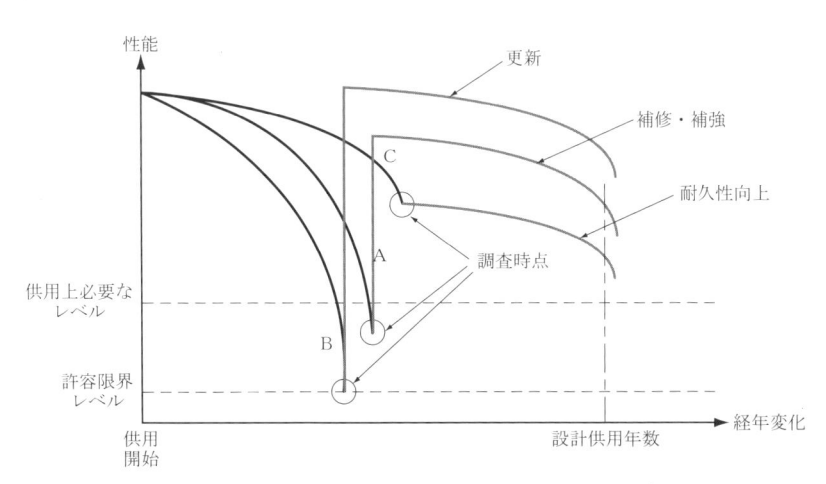

(※R_{td}は設計アンカー力に対する残存引張り力の割合を示している)

解説図-9.11 アンカーの機能と対策のイメージ[1]

新などがある。アンカーの性能とそれぞれの対策のイメージを**解説図-9.11**に示す。

（1）耐久性向上対策

健全性調査時点において健全性は確保されているが，将来的には必要な機能を確保するのが困難と予想されるアンカーに対して，将来に向けて維持するた

めにとる処置をいう。実施の考え方としては，緊急性，事業の効率化等を考慮し計画的に実施するか，機能を保持，あるいは向上させる対策がある。

（2）補修・補強

健全性調査結果により，抑止力として必要なレベルを下回るアンカーに対して，必要なレベルまで機能回復をはかる処置をいう。実施の方法には，将来的に数度の補修・補強を実施して機能維持する場合と，一度の対策で必要なレベル以上の効果を維持できるまでに機能の向上を図る場合がある。

（3）更　新

健全性調査結果により，必要なレベルを下回るアンカーに対して，補修・補強により健全性を確保することが困難な場合，または経済的・効率的でない場合に，新たなアンカーを打設する処置をいう。

対策工を選定する場合は，調査時点におけるアンカーや地盤・構造物等の状況，現在および将来におけるアンカーの機能，機能回復の可能性，ライフサイクルコストなどを十分に検討することが必要である。対策工の選定フローの例を**解説図-9.12**に示す。

アンカーの対策工において，具体的な対策の内容としては以下の項目が挙げられる。

　・防食機能の維持・向上

　・再緊張，緊張力緩和

　・更新

具体的に実施する対策工の選定における考え方や検討項目については，巻末【付録9-2】に示す。

アンカーを更新・追加する場合は以下の点に注意するものとする。

　① のり面の安定を保つため，既設アンカーのアンカー体より深い位置にアンカー体を造成しなくてはならない場合がある。

　② アンカーの更新，追加を実施する際，孔曲がりや相互干渉等による影響を考慮するものとする。

　③ 山岳部の地下水位が低い礫地盤や割れ目の多い岩盤では，削孔水の逸水やグラウトの逸失で所定品質のアンカーが施工不可能になる場合があ

第9章 維持管理

る。このような場合には，削孔方法の変更やグラウトの事前注入を行う
などして適切に対処する。
　なお，アンカーの更新・追加に伴うのり面の安定性のメカニズムについては
未解明な部分があるため，今後の研究開発が待たれるところである。

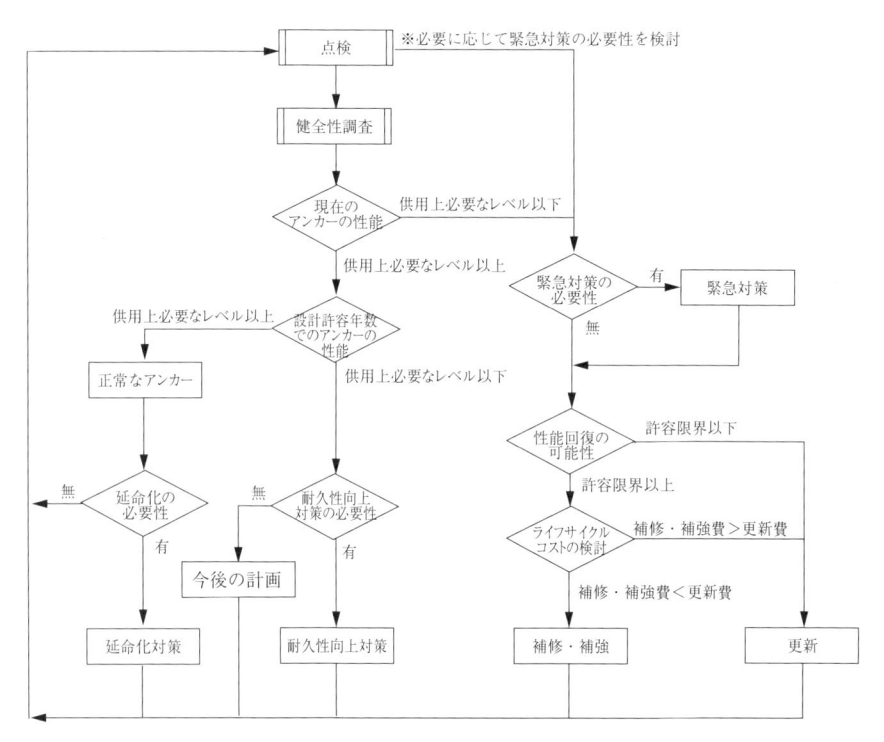

解説図-9.12　対策工の選定フロー（例）[1]

9.5　記録

　点検・健全性調査・対策に関する維持管理記録は，アンカーの供用期間中保存する。

【解説】

アンカーは維持管理を前提とした工法であるため，点検・健全性調査・対策に関する記録は，地盤の状況やアンカーの諸元・施工結果などとともに整理し，保存しておく必要がある。また，記録の整理に当たっては，出来るだけ統一的な様式で整理する。これにより，点検・管理すべき項目が明らかになるとともに，複数の現場を管理する際にも共通の視点で管理ができるため，客観的な判断が行いやすくなる。

維持管理記録の構成（例）を**解説図-9.13**に示す。

効率的な維持管理のためには，アンカーの調査計画から設計・施工を経て供用に至る記録を一貫して整理し活用する。

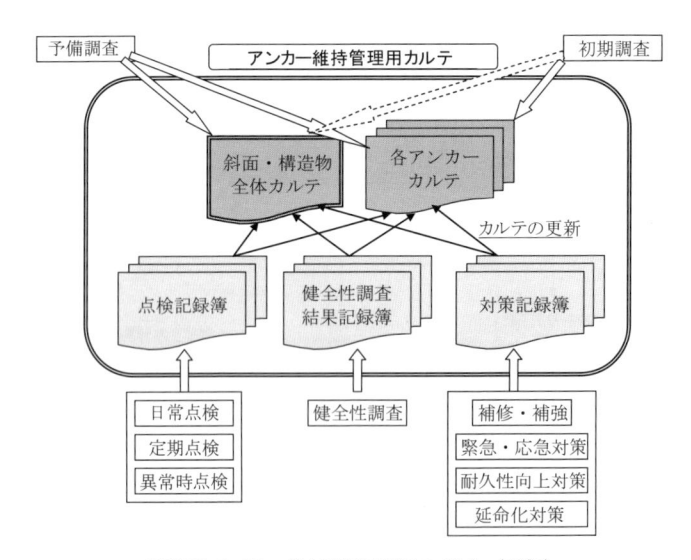

解説図-9.13 維持管理記録の構成（例）[1]

参 考 文 献

1) （独）土木研究所・（社）日本アンカー協会共編：グラウンドアンカー維持管理マニュアル，鹿島出版会，2008.
2) 酒井俊典：SAAMジャッキを用いた既設アンカーのり面の面的調査マニュアル（案），2010.

付 録 3

【付録3-1】 計画時に技術的検討が必要なアンカー

　計画段階において，下記に示すような設計条件や施工条件が厳しいアンカーであることが判明している場合には，あらかじめ技術的検討を行いアンカー採用の可否を判断する。また，必要に応じて施工性に関する調査を行う。

　1）長尺アンカー

　アンカー長が長くなると，施工において孔曲がりが大きくなったり孔壁の劣化が発生し，不確実な位置でのアンカー体の造成や周面摩擦抵抗の減少が起こりやすくなる。特に斜めに打設するアンカーの場合にその影響が大きい。さらにグラウト注入の確実性やテンドン加工における防食の精度にも問題を生じやすくなり，孔曲がりの影響を受け摩擦損失量が大きくなる傾向がある。アンカー長が30mを超える場合は，十分な検討が必要である。

　2）設計アンカー力の大きなアンカー

　設計アンカー力が1000 kNを超えるランクA（**解説表6-1参照**）のアンカーや2000 kNを超えるランクB（**解説表6-1参照**）のアンカーなど，設計アンカー力の大きなアンカーでは孔内に挿入するテンドンの断面積が大きくなり，さらに防食用材料やグラウトパイプなどの断面積と併せて削孔断面に占める挿入材の割合が大きくなりやすい。このような場合，グラウトの流動抵抗が大きくなり，アンカー体注入の加圧のみならず，充填も不十分となることがある。また，アンカー体注入後のドリルパイプ引上げ時にテンドンが共上がりする現象が生じやすい。

　アンカー設置地盤の性状・削孔径・削孔長・施工性などの間には相互に密接な関連があるので，計画においてはこれらの関連を十分検討する。除去アンカーにおいても挿入資材の断面積が大きくなりやすいので，同様の検討を行うことが望ましい。

　3）地下水位が高い地盤や透水性の大きな地盤に設置されるアンカー

　地下水位が高い場合には，その水圧によってグラウトがテンドンの周囲にうまく充填されないことや，グラウトの濃度が薄くなって，所要の強度が得られない場合がある。また，湧水圧によって孔壁の崩壊が生ずることもある。

　一方，地盤の透水性が大きく地下水位が低い場合にはグラウトの流失によ

り，テンドンの周囲に十分グラウトが充填されないことがある。

このように地下水位が高い地盤や透水性の大きな地盤にアンカーを設置する場合には，施工に重大な影響が生じることがあるので，地下水や地盤の透水性についてはあらかじめ調査を行い，地盤状況に応じた削孔方法，グラウトの選定，注入圧力あるいは事前注入の必要性など施工方法全般について検討する。

高被圧水地下水が予想される場合には，必要に応じて施工試験の実施について検討する。

4）第四紀の火山地帯や酸性岩類の地盤に設置するアンカー

温泉地帯に分布する地すべりに対して，アンカー工を計画することがある。このような地盤は，高温で強酸性であることが多く有毒ガスが噴出する危険性も有している。

したがって，アンカーの耐久性や施工性を確認するための調査が必要となる。検討に必要な情報には下記のものがある。

　　例：地盤の温度分布および酸性度分布，ガスの濃度等[1]

5）アンカー体を軟弱地盤に設置するアンカー

軟弱地盤にアンカー体を設置する工法には拡孔型アンカーや繰り返し注入型アンカー等が開発されている。これらのアンカーは通常のアンカーとは異なるシステムで施工されるため，試験施工等により，アンカーの極限引抜き力を確認するのが良い。

6）アンカーあるいはその一部を除去するアンカー

山留めなどの仮設構造物として第三者所有地内や道路面下などにアンカーを設置する場合，供用期間終了後アンカーあるいはその一部を撤去する除去式アンカーが使用されることが多い。

除去式アンカーは，十分に強いアンカー機能と，容易で確実に撤去できる除去機能の二律背反的な機能の両立が必要である。また，除去にあたって周辺への影響が生じないことを確認する必要があるので，実施にあたってはあらかじめ十分に検討する。

【付録 3-2】 調査時に作成するアンカー体設置地盤情報

調査時に施工者が利用可能な情報に加工しておくのが望ましい地盤情報の整理項目は下記のとおりである。

① アンカー体設置地盤の概要
  ・明確になっているアンカー体設置地盤情報
  ・未確定（推定した）のアンカー体設置地盤位置情報
  ・問題となりそうな地層や断層の有無およびその位置
② 設計時に想定したアンカー体設置地盤であることが照査可能な情報
  ・得られるスライムの特長（構成鉱物の種類や粒子の大きさ，硬さや色調）
  ・削孔時の情報（特に逸水の程度）

【具体例】

地盤調査をもとに地質横断図や設計の基本データ等の検討が実施され調査報告書が作成される。さらに，安定解析や工法選定等が実施され詳細設計が行われるのが一般的な設計の手順である。

調査結果にもとづき地質横断図を作成する際の判断基準を**付録表-3.1**のような形式でまとめ，報告書に記載しておくと施工管理基礎情報として利用できる。

このアンカー体設置地盤情報総括表（**付録表-3.1**）と柱状図を施工時に活用すれば，アンカー体設置地盤判定の精度があがり，より高品質のアンカーが造成できると思われる。

付録表-3.1　アンカー体設置地盤情報総括表の例

測点		No. 0+00 副断面	No. 2+00 主断面	No. 3+00 副断面	No. 4+00 参考断面
判断基準	採取試料	△	○	△	△
	N 値	−	−	−	−
	弾性波探査	−	−	−	−
	地形情報	△	△	△	△
	露頭	−	−	−	−
位置の確度		±1 m	±0.5 m	±1 m	±1 m
アンカー体設置地盤の地質		砂岩と凝灰岩の互層	同左	同左	同左
断層破砕帯等の障害		無し	無し	無し	無し
透水性（ルジオン値）		逸水無し	逸水無し	逸水無し	逸水無し
備考					

○：根拠がある情報：ボーリング柱状図や弾性波探査の調査結果を使用
△：ある程度根拠がある情報：周辺のボーリングデータから推定等
×：不確かな情報：データがほとんど無いが露頭や地形から推定
−：判断要因ではない
位置の確度：ボーリング位置を基準とした鉛直方向の地層の推定値の幅をいう

自由長地盤の地質特性	色調	地質名	構成物	硬さ
	灰白色〜茶褐色	強風化泥岩又は強風化砂岩	細粒土〜砂	軟質

アンカー体設置地盤の地質特性や土質性状	色調	地質名	構成物	硬さ
	青灰色〜茶灰色	風化砂岩	$\phi 0.5 \sim 2$ mm の砂	硬質
	青灰色〜茶灰色	凝灰岩	極細粒	軟質 ナイフで傷がつく

注）色調は参考とすること。同じ地質，風化条件でも色調が異なることが多い。

【付録3-3】 ルジオン試験

ルジオン試験とは，岩盤亀裂の透水性の指標であるルジオン値を求めるための試験で，高水圧条件下での透水性調査やグラウチング計画の立案を目的とし，主としてダム基盤の岩盤を対象として実施される。

ルジオン試験には地盤工学会基準（JGS 1323-2003）「ルジオン試験法」[2]があり，ボーリング孔内をパッカーで区切った試験区間内に一定圧力で注入し，圧力と注入量からルジオン値を求めている。この時の試験孔径は原則として 66 mm である。

この試験で求められるルジオン値（L_u）とは，試験区間内に $0.98\ \mathrm{MN/m^2}$ の圧力で水を注入し試験区間 1 m 当たりの 1 分間の注入量（リットル）のことをいう。透水係数との関係は $1\ L_u = 1 \times 10^{-5}\ \mathrm{cm/s}$ が目安となっている。

試験区間にパッカーを設置し，ロッドを介して試験区間にポンプにより一定圧力で注水し，口元で注水圧力と注水量を記録する。注水圧力を段階的に増加させ，$P \sim q$ 関係図を作成して，圧力が $0.98\ \mathrm{MN/m^2}$ の時の注入量を求める。

しかし調査ボーリングやアンカー工事に使用する通常のポンプは上記基準に

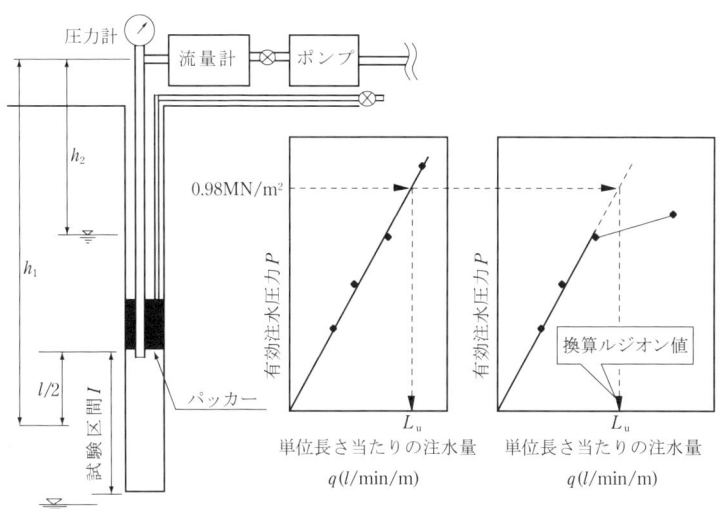

注）地下水より下面で試験：$P = h_2 + $計測圧力
　　地下水より上面で試験：$P = h_1 + $計測圧力

付録図-3.1 ルジオン試験とルジオン値（L_u）[2]

示された圧力を確保することは難しい。このため，この基準においては，ボーリング孔，5.0 m 当たりに対して，0.1 MN/m^2 の換算圧力で毎分 10 リットルの漏水を事前注入等の判断目安とした。これはルジオン値の 20 に相当する。

$$L_\mathrm{u}=10(リットル)/5.0(\mathrm{m})\times 0.98(\mathrm{MN/m^2})/0.1(\mathrm{MN/m^2})≒20(ルジオン)$$

この試験において圧力を保持できない場合には試験を中止し，ルジオン値 20 以上とみなし事前注入等の対策を検討する。

参 考 文 献

1) 地盤工学会：グラウンドアンカー設計・施工例，pp.116-122, 2005.
2) 地盤工学会：地盤調査の方法と解説，pp.438-447, 2004.

付 録 4

【付録 4-1】　テンドンを構成する引張り材の例

テンドンを構成する引張り材の例を**付録表-4.1～4.5**に示す．

付録表-4.1　PC 鋼線および PC 鋼より線の種類・記号・呼び名・寸法諸元および機械的性質

付録表-4.2　PC 鋼棒（丸鋼棒）の種類・記号・呼び名・寸法諸元および機械的性質

付録表-4.3　PC 鋼棒（異形鋼棒）の種類・記号・呼び名・寸法諸元および機械的性質

付録表-4.4　多重 PC 鋼より線の種類・記号・呼び名・寸法諸元および機械的性質

付録表-4.5　内部充てん型エポキシ樹脂被覆 PC 鋼より線の鋼材部の呼び名・寸法諸元および機械的性質

付録表-4.1

PC 鋼線および PC 鋼より線の種類・記号・呼び名・寸法諸元および機械的性質（主なもの）

種類	記号	呼び名	径 (mm)	公称断面積 (mm²)	単位質量 (kg/km)	0.2%永久伸びに対する試験力 (kN)	最大試験力 (kN)	伸び (%)
PC 鋼線 丸線 A 種 および 異形線	SWPR 1A SWPD 1	5 mm	5.00	19.64	154	27.9以上	31.9以上	4.0以上
		7 mm	7.00	38.48	302	51.0以上	58.3以上	4.5以上
		8 mm	8.00	50.27	395	64.2以上	74.0以上	4.5以上
		9 mm	9.00	63.62	499	78.0以上	90.2以上	4.5以上
PC 鋼線 丸線 B 種	SWPB1B	5 mm	5.00	19.64	154	29.9以上	33.8以上	4.0以上
		7 mm	7.00	38.48	302	54.9以上	62.3以上	4.5以上
		8 mm	8.00	50.27	395	69.1以上	78.9以上	4.5以上
PC 鋼より線 7本より線 A 種	SWPR7A	7本より 12.4 mm	12.4	92.90	729	136以上	160以上	3.5以上
		7本より 15.2 mm	15.2	138.7	1101	204以上	240以上	3.5以上
PC 鋼より線 7本より線 B 種	SWPR7B	7本より 12.7 mm	12.7	98.71	774	156以上	183以上	3.5以上
		7本より 15.2 mm	15.2	138.7	1101	222以上	261以上	3.5以上
PC 鋼より線 19本より線	SWPR 19	19本より 17.8 mm	17.8	208.4	1652	330以上	387以上	3.5以上
		19本より 19.3 mm	19.3	243.7	1931	387以上	451以上	3.5以上
		19本より 20.3 mm	20.3	270.9	2149	422以上	495以上	3.5以上
		19本より 21.8 mm	21.8	312.9	2482	495以上	573以上	3.5以上
		19本より 28.6 mm	28.6	532.4	4229	807以上	949以上	3.5以上

出典　日本規格協会：JIS G 3536-2008
　　　記号には通常リラクセーション材は N が，低リラクセーション材は L がつく．

付録表-4.2

PC鋼棒(丸鋼棒)の種類・記号・呼び名・寸法諸元および機械的性質(主なもの)

呼び名	径 (mm)	公称断面積 (mm²)	単位質量 (kg/m)	種別 鋼種	種別 号	記号	耐力 (N/mm²)	引張強さ (N/mm²)	伸び (%)
17 mm	17.0	227.0	1.78	A種	2号	SBPR 785/1030	785 以上	1030 以上	5 以上
				B種	1号	SBPR 930/1080	930 以上	1080 以上	5 以上
				B種	2号	SBPR 930/1180	930 以上	1180 以上	5 以上
				C種	1号	SBPR 1080/1230	1080 以上	1230 以上	5 以上
23 mm	23.0	415.5	3.26	A種	2号	SBPR 785/1030	785 以上	1030 以上	5 以上
				B種	1号	SBPR 930/1080	930 以上	1080 以上	5 以上
				B種	2号	SBPR 930/1180	930 以上	1180 以上	5 以上
				C種	1号	SBPR 1080/1230	1080 以上	1230 以上	5 以上
26 mm	26.0	530.9	4.17	A種	2号	SBPR 785/1030	785 以上	1030 以上	5 以上
				B種	1号	SBPR 930/1080	930 以上	1080 以上	5 以上
				B種	2号	SBPR 930/1180	930 以上	1180 以上	5 以上
				C種	1号	SBPR 1080/1230	1080 以上	1230 以上	5 以上
32 mm	32.0	804.2	6.31	A種	2号	SBPR 785/1030	785 以上	1030 以上	5 以上
				B種	1号	SBPR 930/1080	930 以上	1080 以上	5 以上
				B種	2号	SBPR 930/1180	930 以上	1180 以上	5 以上
				C種	1号	SBPR 1080/1230	1080 以上	1230 以上	5 以上
36 mm	36.0	1018	7.99	A種	2号	SBPR 785/1030	785 以上	1030 以上	5 以上
				B種	1号	SBPR 930/1080	930 以上	1080 以上	5 以上
				B種	2号	SBPR 930/1180	930 以上	1180 以上	5 以上
				C種	1号	SBPR 1080/1230	1080 以上	1230 以上	5 以上
40 mm	40.0	1257	9.87	A種	2号	SBPR 785/1030	785 以上	1030 以上	5 以上
				B種	1号	SBPR 930/1080	930 以上	1080 以上	5 以上
				B種	2号	SBPR 930/1180	930 以上	1180 以上	5 以上

出典　日本規格協会：JIS G 3109-2008

付録表-4.3

PC鋼棒(異形鋼棒)の種類・記号・呼び名・寸法諸元および機械的性質(主なもの)

呼び名	公称径 (d) (mm)	公称断面積 (mm²)	基準質量 (kg/m)	種別 鋼種	種別 号	耐力 (N/mm²)	引張強さ (N/mm²)	伸び (%)	節高さ (h) 最小値 (mm)	節高さ (h) 最大値 (mm)	節間隔 (p) の最大値 (mm)
D23 mm	23.0	415.3	3.26	B種	1号	930以上	1080以上	5以上	1.2	2.3	16.1
D26 mm	26.0	530.9	4.17	B種	1号	930以上	1080以上	5以上	1.3	2.6	18.2
D32 mm	32.0	804.2	6.31	B種	1号	930以上	1080以上	5以上	1.6	3.2	22.4
D36 mm	36.0	1018	7.99	B種	1号	930以上	1080以上	5以上	1.8	3.6	25.2

出典　日本規格協会：JIS G 3109-2008

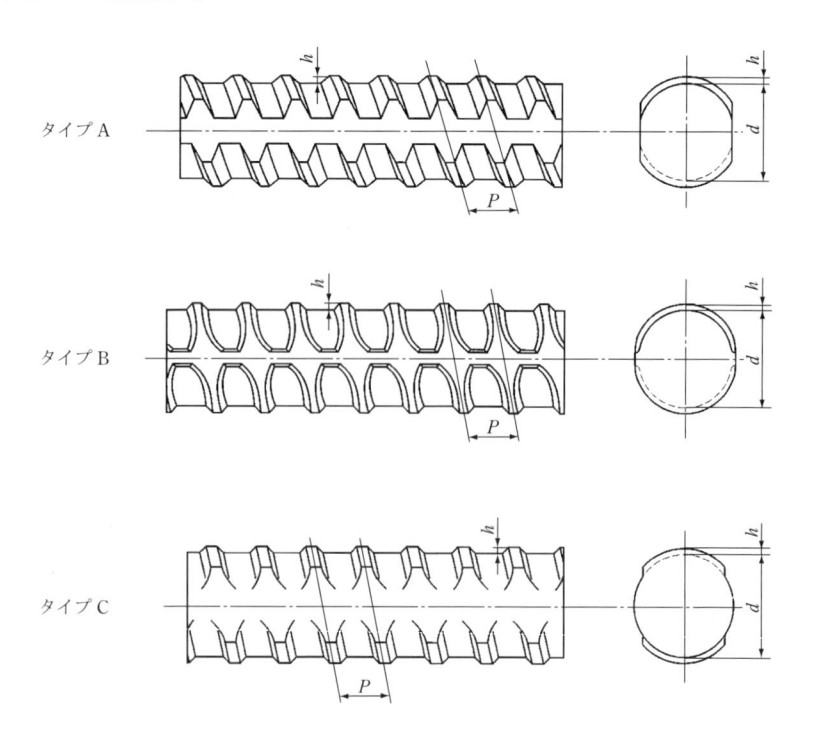

タイプA

タイプB

タイプC

付録表-4.4
多重PC鋼より線の種類・記号・呼び名・寸法諸元および機械的性質(主なもの)

種　類	記号	呼び名	構　成	標準径 (mm)	公　称 断面積 (mm²)	単位 質量 (kg/km)	標準より 合わせ ピッチ (mm)	0.2% 永久伸び に対する 試験力 (kN)	引張 荷重 (kN)	伸び (%)
PC鋼より 線・多重 7本より	SWPR 7B-7	多重より 28.5mm	(7本より 9.5mm 7本)	28.5	383.9	3.04	530	608以上	714 以上	3.5 以上
		多重より 33.3mm	(7本より 11.1mm 7本)	33.3	519.3	4.09	620	826以上	966 以上	3.5 以上
		多重より 38.1mm	(7本より 12.7mm 7本)	38.1	691.0	5.45	720	1092以上	1281 以上	3.5 以上
PC鋼より 線・多重 19本より	SWPR 7B-19	多重より 47.5mm	(7本より 9.5mm 19本) +(3.45mm 6本)	47.5	1042.0	8.77	710	1649以上	1938 以上	3.5 以上
		多重より 55.5mm	(7本より 11.1mm 19本) +(4.00mm 6本)	55.5	1409.6	11.78	820	2242以上	2622 以上	3.5 以上
		多重より 63.5mm	(7本より 12.7mm 19本) +(4.53mm 6本)	63.5	1875.5	15.70	950	2964以上	3477 以上	3.5 以上

出典　地盤工学会基準グラウンドアンカー設計・施工基準，同解説（JGS 4101-2000）

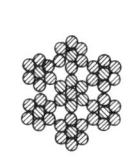

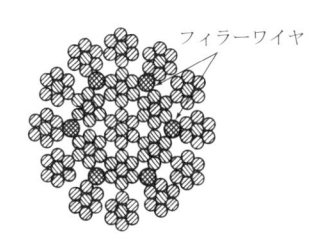

多重7本より，SWPR7B-7　　多重19本より，SWPR7B-19

付録表-4.5

内部充てん型エポキシ樹脂被覆 PC 鋼より線の鋼材部の呼び名・寸法諸元および機械的性質（主なもの）

呼び名	基本外径 (mm)	エポキシ被覆厚 (μm)	0.2% 永久伸びに対する試験力 (kN)	最大試験力 (kN)	伸び (%)	リラクセーション値 (%)
7本より 12.7 mm	13.9	400～1200 (1断面内の各クラウン部)	156 以上	183以上	3.5以上	6.5 以下
7本より 15.2 mm	16.4	400～900 (1断面内の全クラウン部の平均)	222 以上	261以上		

出典 土木学会：JSCE-E 141-2010, コンクリートライブラリー 133

【付録5-1】 腐食破壊の原理

　腐食のおそれのあるテンドンは，長期間，地下水等の腐食環境にさらされるとテンドンに負荷されている荷重と腐食の相互作用により，テンドンが破断に至り，アンカーの機能を果たさなくなる。すなわち，静的な荷重が継続的に負荷される鋼材が腐食環境下に置かれた場合，ある時間経過した後，ほとんど塑性変形を伴わずに破壊する遅れ破壊という現象を引き起こすことがある。鋼材の遅れ破壊は，一般には応力腐食割れといわれ，この現象をさらに電気化学的腐食反応という面から分類すると次のような陰極反応（カソード反応）と陽極反応（アノード反応）に分けられる。

　陰極反応：$2H^+ + 2e^- \rightarrow 2H \rightarrow H_2$

　　　　　　$O_2 + 2H_2O + 4e^- \rightarrow 4OH^-$

　陽極反応：$Fe \rightarrow Fe^{2+} + 2e^-$

　すなわち，陰極反応では原子状の水素が発生し，それが鋼中に侵入して鋼のある部分に集積することによりクラックが発生すると考えられ，この陰極反応による破壊を水素脆性割れと称する。

　一方，陽極反応では，鉄の溶解により腐食孔が形成され，それが応力集中源となって鋼材の軸方向引張り応力との相乗効果によりクラックが進展する。この陽極反応による破壊を狭義に応力腐食割れと称している。

　これら，水素脆性割れと応力腐食割れの原理を模式的に示したのが**付録図**-

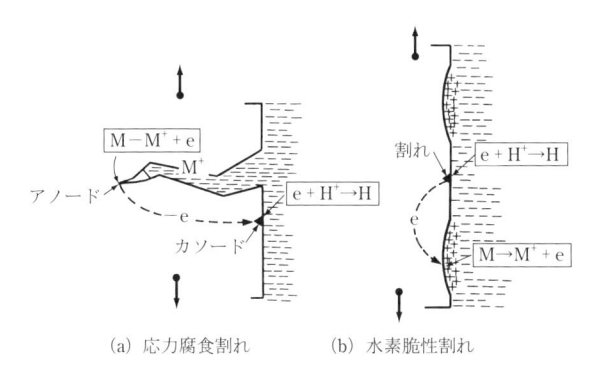

(a) 応力腐食割れ　　(b) 水素脆性割れ

付録図-5.1　応力腐食割れおよび水素脆性割れの原理を示す模式図

5.1 である。

腐食環境下におかれた PC 鋼材の遅れ破壊は，水素脆性割れ，応力腐食割れ相互のメカニズムが作用して生じるものと考えられている。

【付録5-2】 腐食によるアンカー破断の実態調査結果[1]

アンカー破断の実態調査結果を**付録表-5.1**に示す。1980年以前に施工された事例を集計した結果である。この時代のアンカーでは，まだ防食に対する意識が薄く，長期供用を目的としたアンカーに対しても二重防食が施されていない事例が多く存在した。結果として，このような破断事例が多く報告されている。

6ヶ月以内に破断した事例が全体の28%と多くみられるが，これらの事例では二重防食が施されておらず，簡易防食や防食無しのアンカーが数多くあった。これに対し，6ヶ月以上破断しなかった事例では簡易防食や二重防食が施されている割合が多くなっていた。このように，アンカーの健全性に関して防食に求められる役割が大きいことがわかる。

付録表-5.1 アンカーの破断の実態調査結果

調査項目		割合（%）	
調査件数	永久アンカー 仮設アンカー	69 31	
引張り鋼材の種類	PC鋼線 PC鋼棒 PC鋼より線	53 25 22	
アンカーの使用期間	6か月以内（最短：数日） 6か月から2年 2年以上（最長：31年） 不明	（永久） 11 6 49 3	（仮設） 17 3 5 6
破断箇所	アンカー頭部付近（背面1m以内） 引張り部 アンカー体	45 50 5	

FIPの調査により，世界各国から寄せられた35件の破断事例の集計概要（1986年）

【付録5－3】 防食材料の仕様の例[2),3)]

1) 海外での仕様例

付録表-5.2 防食材料の仕様の例（主なもの）

項　目	試験方法	基　準
滴　点	ASTM D 566 JIS K 2261	>149℃
水溶性イオン 　(a) 塩化物 　(b) 硝酸塩 　(c) 硫化物	ASTM D 512 ASTM D 992 ASTM D 1255 （APHA 4270）	<10 ppm <10 ppm <10 ppm
油脂分分離 　試験日数 7 日間 　温度　40℃	DIN 51 817	<重量で 5% （ただし<3% が望ましい）
遊　離　酸	ASTM D 128 JIS K 2526	<0.2%
遊離アルカリ	ASTM D 128 JIS K 2526	<0.2%
腐　　食	ASTM B 117	ASTM D 610 に基づいて 1000 時間後：Grade 7 以上
	DIN 51 802	Grade　0
酸化安定性	ASTM D 942 JIS K 2569	<100 時間後で 0.06 MPa
	DIN 51 808	<100 時間後で 0.2 MPa

出典　FIP：Recommendation-Corrosion protection of prestressing steels-1996

付録表-5.3 防食材の仕様の例

項　目	試験方法	基　準
滴　点　F（℃）	ASTM D 566 or ASTM D 2265	>300（149）
油分離 160 F（71℃）	FIMS D 791 B	<0.5%
水　分	ASTM D 95	<0.1%
引　火　点　F（℃）	ASTM D 92	>300（149）
腐　食　試　験 　5% 塩水噴霧 　温度 100 F（38℃） 　厚さ 5 ミル（127 ミクロン）	ASTM B 117	ASTM D 610 に基づいて 1000 時間後の発錆が Grade 7 以上
水溶性イオン 　(a) 塩化物 　(b) 硝酸塩 　(c) 硫化物	ASTM D 512 ASTM D 3867 APHA 4500 SE	<10 ppm <10 ppm <10 ppm

出典　FTI：Specification for Unbonded Single Strand Tendons-1993

2）国内での仕様例

国内で使用されている充填用の防錆油について行われている試験項目の代表的な例を以下に示す。

付録表-5.4　防錆油の試験項目の例

種別	項目	試験方法
頭部キャップ用	外観（色調）	目視
	ちょう度	JIS K 2220
	滴点	JIS K 2220
	離油度	JIS K 2220
自由長部用	融点・滴点	JIS K 2235,　JIS K 2220
	ちょう度	JIS K 2235,　JIS K 2220

【付録5-4】　合成樹脂（ポリエチレン）の試験方法と特性値例

付録表-5.5　合成樹脂（ポリエチレン）の試験方法と特性値例

試験項目	試験方法	単位	特性値例
密度	JIS K 6760	g/cm^3	0.95
緊張点強度	JIS K 6760	MPa	33.3
破断時伸び	JIS K 6760	%	860
硬度	JIS K 7215	ショアD	60
軟化点	JIS K 7206	℃	121
脆化温度	JIS K 6760	℃	≦−70

【付録5-5】　水密性基準の例（NEXCO基準　試験法122-2010）[4]

付録表-5.6　NEXCO基準における水密性仕様の例

項目	基準
アンカー頭部，頭部背面の水密性	無加圧720時間で浸水しないこと
アンカー地中部の水密性	アンカー体地中部の不連続部にかかる水圧に対して360時間で浸水しないこと．最低0.2 MPaの水密性を有すること。

【付録5-6】 アンカーの防食構造

アンカーの種類については，様々な仕様の防食が施されている。下表に，現在多く流通しているアンカーの防食構造の例を示す。

付録表-5.6 アンカー防食構造の例

	アンカー体	引張り部	アンカー頭部	頭部背面
防食構造Ⅰ	・グラウト	・シース＋防食用材料	—	—
防食構造Ⅱ	・カプセル＋グラウト ・樹脂被覆＋グラウト ・グラウト＋耐腐食性の引張材	・シース＋防錆油 ・シース＋樹脂被覆 ・シース＋耐腐食性の引張材	・キャップ＋防錆油	・グラウト＋シース ・防錆油＋シース
防食構造Ⅲ	・耐腐食性のグラウト＋耐腐食性の引張材	・耐腐食性の引張材＋耐腐食性のシース	・耐腐食性のキャップ＋耐腐食性の材質	・グラウト＋耐腐食性のシース

参 考 文 献

1) FIP State of the art report：Corrosion and corrosion protection of prestressed ground anchorages, 1986.
2) FIP：Recommendation-Corrosion protection of prestressing steels, 1996.
3) PTI：Spesification for Unbonded Single Strand Tendons, 1993.
4) 東日本高速道路株式会社・中日本高速道路株式会社・西日本高速道路株式会社：土工施工管理要領, 2011.

【付録6-1】 PTIにおけるアンカー傾角

PTI[1]では加圧注入タイプや樹脂注入タイプで,注入対象地盤が粗粒土（74μ以上の材料が50%以上）の場合は,±5°以内のアンカーも許容している。

【付録6-2】 アンカー体設置間隔とグループ効果の考え方（例）

付録図-6.1に土砂地盤における鉛直のアンカー体設置間隔を設定する影響円錐の考え方を例示した。図①に影響円錐の範囲を,図②に影響円錐の相互干渉を示す。

例えば,浮力に対する考え方を**付録図-6.2**に示す。この考え方は,アンカー体を設置している一つの土塊の自重と地盤の物理的な抵抗の関係から安定を検討するものである。

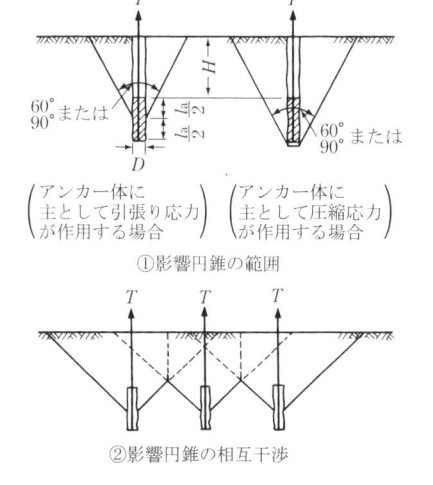

①影響円錐の範囲

（アンカー体に主として引張り応力が作用する場合）
（アンカー体に主として圧縮応力が作用する場合）

②影響円錐の相互干渉

安全率は次式で与えられる。

$$S_f = \frac{\text{土塊重量} + \text{コンクリート重量}}{\text{浮力}}$$

付録図-6.1 アンカー体設置間隔設定のための影響円錐の考え方
(Lottle John and Bruce[2],[3])

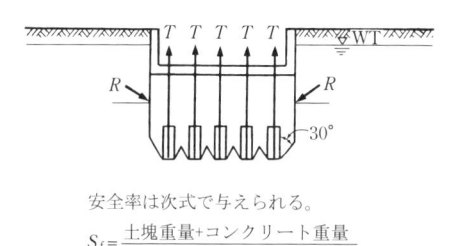

付録図-6.2 浮力に対する考え方（常時）
(Ostermayer[2],[4],[5])

グループ効果を考慮した設計には,現在,決まったものがないが,単独のアンカー極限引抜き力をTとすれば,低減されたアンカー力T'は,$T' = \phi T$として**付録図-6.3**より求める方法もある。

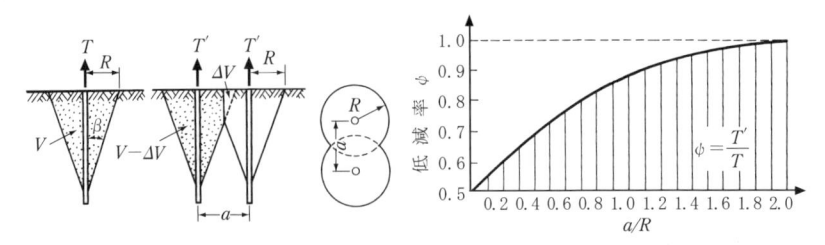

a：アンカーのピッチ (m)
R：影響円錐の半径 (アンカー長とβより求める) (m)
　　土砂の場合　$\beta = 2/3\phi$
　　岩盤の場合　$\beta = 45°$　ϕ：内部摩擦角 (°)

付録図-6.3　グループ効果を考慮したアンカーの低減率 (Habib[6])

【付録6-3】　アンカー体の土被りとアンカー体設置制限 (例)

　土留め壁にアンカーを使用する場合，アンカー体は，主働すべり面の外側にあっても壁の変形に伴い周辺地盤とともに変位することがある。良質地盤でアンカー自由長が短くなるような場合には注意が必要である。また，アンカーの土被り厚が十分であっても，**付録図-6.4**に示すように良質地盤での被りが小さくならないようなアンカー自由長とする。このように，アンカー自由長は，構造物全体の安定を考慮したうえで決定しなければならない。構造物全体の安定からアンカー体を設置しない領域を考える場合の考え方の例を**付録図-6.5**に示す。

　地すべり対策としてアンカーを使用する場合は，すべり面から1～3m程度余裕を確保するようにアンカー自由長を設定することが多い。

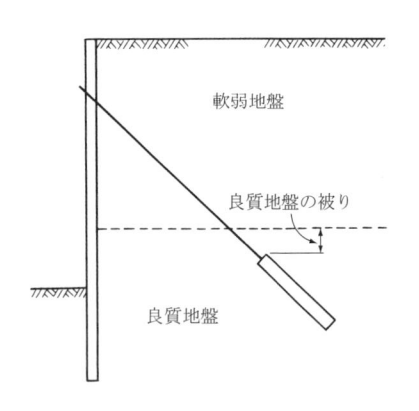

付録図-6.4　良質地盤の被り

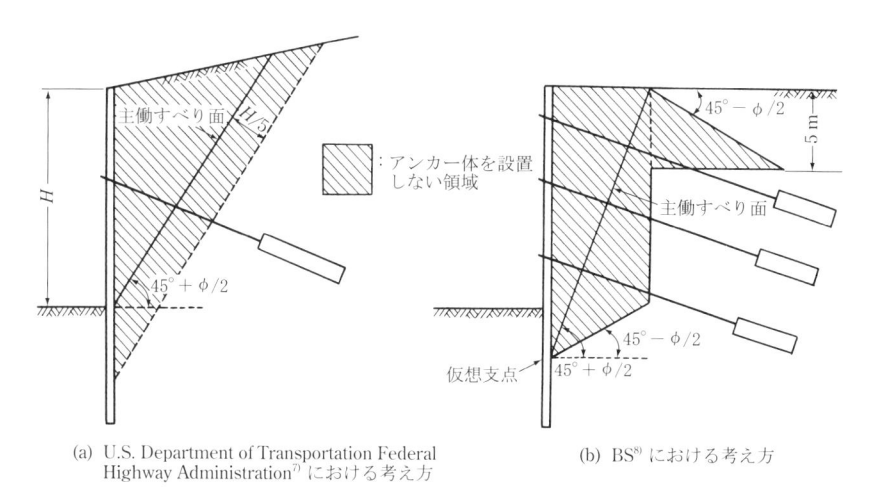

(a) U.S. Department of Transportation Federal Highway Administration[7] における考え方

(b) BS[8] における考え方

付録図-6.5　アンカー体を設置しない領域の例

【付録6-4】　アンカーの極限引抜き力の推定

アンカーの極限引抜き力（T_{ug}）は式（付6-1）により推定することができる（**付録図-6.6** 参照）。

$$T_{ug} = \pi \cdot d_A \int_{z1}^{z1+l1} \tau_z \cdot dz + \pi \cdot d_E \int_{z2}^{z2+l2} \tau_z \cdot dz + q \cdot A \qquad \text{（付 6-1）}$$

　　　ここに，T_{ug}：極限引抜き力

　　　　　　d_A：アンカー体径

　　　　　　d_E：拡孔部アンカー体径

　　　　　　τ_z：深さ z における単位面積当たりの摩擦抵抗

　　　　　　q　：アンカー体拡大部分での単位面積当たりの支圧抵抗

　　　　　　A　：アンカー体拡大部分での有効な支圧面積

　この式は，P. Habib（仏）が提案したものであり，アンカー体が比較的深い位置にある場合，アンカーの極限引抜き力は，アンカー体周面の摩擦抵抗とアンカー体拡大断面位置での支圧抵抗の和とされる。

　しかし，摩擦による抵抗と支圧による抵抗を考えた場合，それぞれの抵抗が最大値を示すときのアンカー体の変位量には明らかな差があり，二つの抵抗の

最大値の和とアンカー体抵抗の最大値は一般に一致しない。

したがって，摩擦と支圧の両方を期待する拡孔部を有するアンカーでは，式（付6-1）をそのまま採用するについては，τ_Z，qのとり方に注意する必要がある。また，式（付6-1）でτ_Zを一定として極限引抜き力（T_{ug}）を求めると，アンカー体長に比例してアンカー体抵抗が大きくなるが，地盤とアンカー体の摩擦抵抗を主とするアンカーに引抜き力が加わったときの摩擦応力分布は，テンドンからグラウトへの応力伝達方式の違いにより**付録図-6.6**に示すようになる。

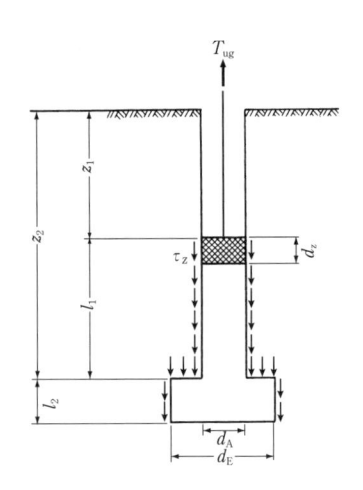

付録図-6.6 アンカーの引抜き力の概念

テンドンとグラウトの付着抵抗により伝達する方式では，**付録図-6.7(a)**に示すように，地表面に近いところから逐次破壊が進行するのに対して，拘束具による支圧伝達による方式では，アンカーに引抜き力が加わったときの摩擦応力分布は，**付録図-6.7(b)**に示すようになり，アンカー体先端から逐次破壊が起きる。

このため，**6.3 アンカーの長さ**のアンカー体長についての解説で述べたように，アンカーの引抜き力は，アンカー体長と比例して大きくならないので注意が必要である。

【付録6-5】 アンカーの極限周面摩擦抵抗

アンカー体と地盤との周面摩擦抵抗は，蛇紋岩・第三紀泥岩・凝灰岩等の場合，**解説表-6.6**の岩質区分から示される最小値よりも更に小さい摩擦抵抗しか得られない場合がある。地質年代と極限周面摩擦抵抗の関係について整理されたデータを，**付録図-6.8**に示す。

付 録 6

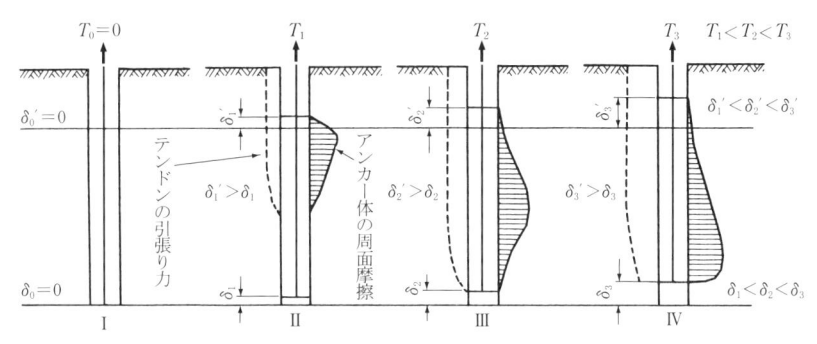

(a) アンカー体に主として引張り応力が作用するケース

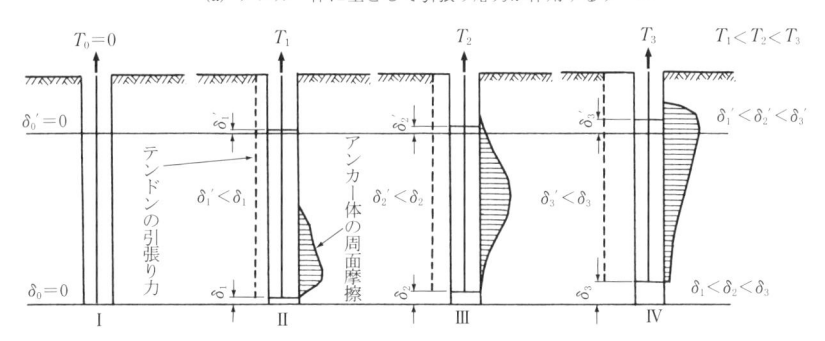

(b) アンカー体に主として圧縮応力が作用するケース

付録図-6.7 テンドンの引張り力とアンカー体の変位・周面摩擦の模式図

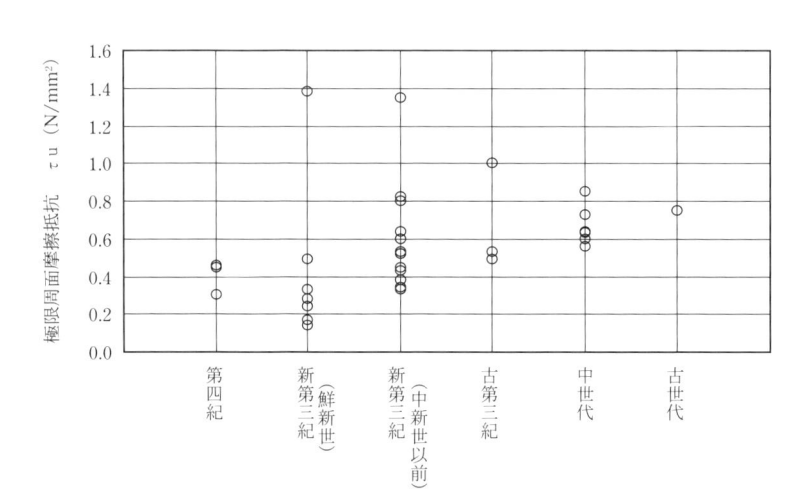

付録図-6.8 地質年代と周面摩擦抵抗の関係[9]

【付録6-6】 アンカー体長と極限引抜き力

BS[10]にも掲載されているOstermayer（オスターマイヤ）らの実験をもとに各種地盤における極限アンカー力を，アンカー体長3mを基準に比で表したのが**付録図-6.9(a)**である。緩い砂地盤を除き，アンカー体長が長くなっても極限アンカー力は比例して大きくならず，アンカー体長10mでもおおむね3mの場合の1.6～2.0倍程度である。**付録図-6.9(a)**をアンカー体1m当たりの極限引抜き力の平均値の比で表したのが**付録図-6.9(b)**である。アンカー体10mでは，3mの場合の約半分の値となっている。なお，**付録図-6.9(a)(b)**には，国内の実験結果から求めた**解説図-6.4**の粘性土，砂質土における上下の包絡線と，ほぼ同じ傾向が見うけられる。

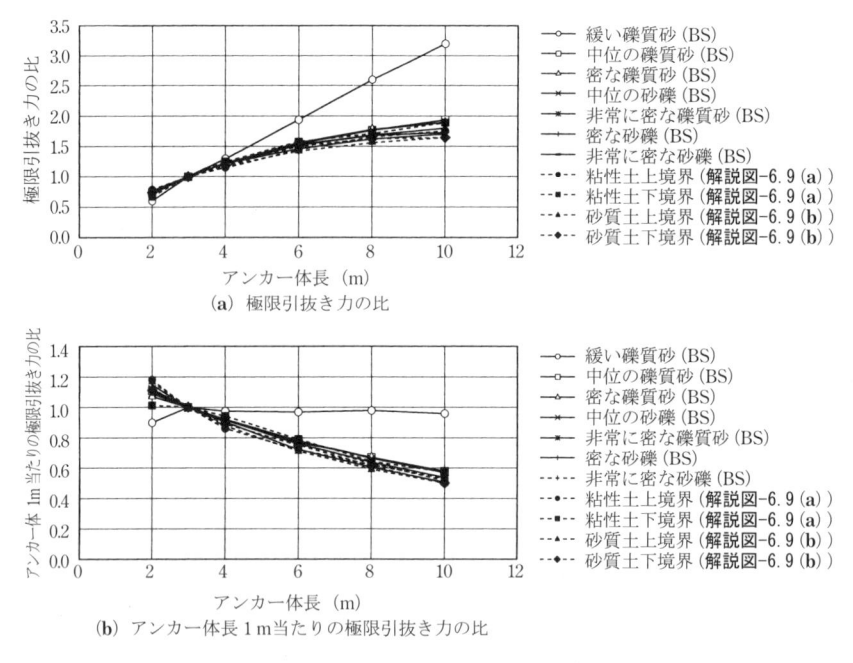

(a) 極限引抜き力の比

(b) アンカー体長1m当たりの極限引抜き力の比

付録図-6.9 極限引抜き力の比[11]

実際にアンカー体を掘り出して調査した例では，アンカー体径が削孔径より大きくなっているものや，グラウトが周囲の砂礫層に浸透してアンカー体と同

付 録 6　　　　　　　　　　161

じ働きを示すものも見られる。単位長さ当りの周面摩擦抵抗の大きさは，アンカー体長が短い場合に大きくて長い場合に小さいことが，**付録図-6.9(b)** に示されている。また，アンカー体の設置地盤は一つの地層で構成されることが少なく，各層がどのような割合で周面摩擦抵抗に寄与するか判断に苦しむことから，6章　**解説表-6.6** に示す地層の区分が難しい。**解説表-6.6** には，以上の背景があることを十分に認識したうえで表中の摩擦抵抗値を取り扱うことが必要である。

【付録6-7】　テンドン自由長の考え方（例）

　アンカーの自由長は，アンカー定着後に変位が生じた場合，残存引張り力を保持する緩衝材としての機能がある。**付録図-6.10** に示すように，テンドン自由長とアンカー体長をラップさせることにより，テンドン自由長を確保しつつ，アンカー全長を短くすることも可能である。

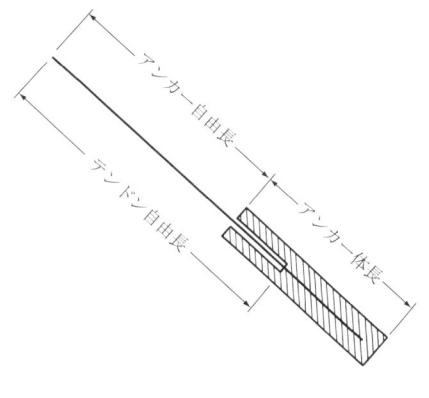

付録図-6.10　テンドン自由長の考え方

【付録6-8】　斜面安定に用いるアンカーの初期緊張力と定着時緊張力

（1）初期緊張力と定着時緊張力の過去の考え方

　初期緊張力とは，アンカー頭部を緊張・定着する際にテンドンに与える引張り力の最大値であり，定着完了直後にテンドンに作用している引張り力を定着時緊張力という。

　この定着時緊張力の設定に際しては，許容アンカー力を超えてはならない。一方，極端に設計アンカー力より小さな値で定着すると，期待するアンカーの効果を十分に発揮できなくなる。このため，多くの出版物でこの値について提

付録表-6.1　初期緊張力及び定着時緊張力の考え方（1）

書　物　名	発行年	値	考え方特徴
斜面安定工法 日本材料学会土質安定材料委員会	昭和48年	―	アンカーの機能として、締付けと引止め機能があることを説明し、これらが抵抗力となることを説明している。
土質基礎工学ライブラリー 土質工学会	昭和60年	―	地すべりでは、引止め効果のみを考慮して設計する。 崩壊して用いるアンカーは今の切土補強土工的な考え方で、鉄筋の曲げとせん断抵抗力で設計する。
砂防・地すべり設計事例 (財)砂防・地すべり技術センター	昭和62年	プレストレス（初期導入力）は設計アンカーカの100% プレストレスは0% 場合によっては設計アンカー力の20～30%	締付け機能と引止め機能は同時に作用しないとして設計する。 締付けアンカーの場合 引止めアンカーの場合
斜面崩壊防止工事の設計と実例 (社)全国治水砂防協会	昭和57年発行 昭和62年改定	初期緊張力は設計アンカー耐力の100% 土塊の抵抗力が最大となる時点で設計アンカー力40～80%が目安	締付け効果を期待するアンカーはすべり止め効果を無視する場合が多い。 くさび形すべりに対しせん断抵抗力を見込んだ止め効果であり、かつ土塊が移動することで せん断抵抗力は低下するため。 円弧すべり面に用いたアンカーはすべり止め効果を無視する場合が多い。土塊ならず、実態が明らかでないため。
新・斜面崩壊防止工事の設計と実例 (社)全国治水砂防協会	平成8年	初期緊張力は設計アンカー軸力の100% 土塊の抵抗力が最大となる時点で設計アンカー力40～80%が目安	締付け効果を期待するアンカーはすべり止め効果を無視する場合が多い。 くさび形すべりに対しせん断抵抗力を見込んだ止め効果であり、かつ土塊が移動することで せん断抵抗力は低下するため。 円弧すべり面に用いたアンカーはすべり止め効果を無視する場合が多い。土塊ならず、実態が明らかでないため。
道路土工のり面工・斜面安定工指針 (社)日本道路協会	昭和61年	初期緊張力は設計アンカー耐力の10～30%	締付け効果を引止め効果が同時に働くかは定かでないので、どちらか一方を考慮した設計が多い。 地すべり対策におけるアンカーはすべり止め機能を期待して設計する（斜面崩壊の概念はない） 注意点としては地山の変形を許す工法であること。
道路土工のり面工・斜面安定工指針 (社)日本道路協会	平成11年	―	アンカーエ法は引止め効果や締付け効果を期待して設計する。ただし、斜面対策で締付け機能のみの場合 のり面・斜面対策で締付け場合の初期緊張力 40～80%が多い 地すべりの場合の初期緊張力（何に対する%か不明） 引止め効果を期待（何に対する%か不明）
道路土工のり面工・斜面安定工指針 (社)日本道路協会	平成21年	初期緊張力は設計アンカー力の100% 定着時緊張力は締付けアンカー力の場合 一般に40～80%が多い 20～30%	アンカーエ法は引止め効果や締付け効果を期待して設計する。ただし、斜面対策で締付け機能のみの場合 のり面・斜面対策で締付け場合の定着時緊張力 地すべりの場合の初期緊張力のみ期待（何に対する%か不明）

付録 6　　163

付録表 6.2　初期緊張力及び定着時緊張力の考え方（2）

書　物　名	発　行　年	値	考　え　方　特　徴
グラウンドアンカー設計・施工基準、同解説 地盤工学会	平成2年	初期緊張力は設計アンカー力の50～100%	山留め工に用いる場合はアンカー設計荷重
グラウンドアンカー設計・施工基準、同解説 地盤工学会	平成12年	プレストレスは設計アンカー力の50～100% プレストレス 40～80% プレストレス 20～30%	山留め工に用いる場合 地すべり防止のためのアンカーの場合 引止め効果を期待する場合
グラウンドアンカー施工のための手引書 （社）日本アンカー協会	平成15年	供用時残存力は設計アンカー力の100%＋α	定着時緊張力および残留引張力は許容引張力よりも小さく、かつ設計アンカー力より大きい値になるように初期緊張力を設定する（図Ⅳ）。
SEEE 永久グラウンドアンカー工法設計・施工マニュアル	平成5年発行 平成11年改定	Fs＝1.0以上となる初期緊張力 初期緊張力は設計アンカー力の50～100%	地すべり対策工の場合 山留め工に用いる場合
最新 斜面・山留めの技術総覧 （株）産業技術サービスセンター	平成3年	導入力は設計荷重の100% プレストレスは設計アンカー力100% 定着荷重は設計荷重の50～80% 定着荷重は設計荷重の30～70%	アンカーの算定式、明記せず。 ロックアンカーの場合（変形を未然に防ぐ場合） アンカー全般の原則 構造物背面地山がルースな場合 変位を許す構造物のアンカーの場合
斜面防災・環境対策技術総覧 （株）産業技術サービスセンター	平成16年	設計緊張力は設計アンカー力の100% 設計アンカー力の20～30% 一般には40～80%	締付け効果を見込んでいる場合 締付け効果を全見込んでいない待受け型（引止めの効果）の場合
建設省河川砂防技術基準（案）同解説 （社）日本河川協会	昭和60年	―	アンカーには締付け効果を利用するアンカーと引止め効果を利用する2つのアンカーがある。
グラウンドアンカー工法設計指針 日本道路公団	平成4年	―	設計アンカー力は引止め効果と締付け効果の両方を考慮して求める。引止め効果を優先して設計されるべき。
グラウンドアンカー設計・施工要領 東日本高速道路株式会社、中日本高速道路株式会社、西日本高速道路株式会社	平成19年	有効緊張力は設計アンカー力の100% 定着時緊張力は設計アンカー力の100% Fs≧1.1になるように定着時緊張力を設定	引止め効果の分担が小さいとき アンカーとすべり面のなす角が90度に近い場合 崩壊形態がすべりブロックの場合 初生すべりの場合 崩積土や強風化岩すべり面が深い場合 凍結が多い場合

案がなされている（**付録表-6.1，6.2**）。

（2）定着時緊張力の一例

　地すべり対策としてのアンカーの当初の考えは，杭と同様に地山がある程度の変形をしてから力が作用する工法として発展してきた観がある。そのため，施工時の安全率は，工法決定や初期緊張力の考えに反映されてこなかった。

　その後，若干の初期緊張力を導入することは，受圧構造物の変位を抑制する効果が高いことが分かり，20～30%の定着時緊張力を加えるようになった。さらに，地すべりではなく円弧すべりにもアンカーで対抗するようになり，円弧の上部と下部での変形の違い（下方が突出し，上方が沈下），即ち土塊移動時にアンカー1本1本に掛かる緊張力の違いから，余裕を持たせた40～80%の定着時緊張力の与え方などが提案されてきた。また，表層崩壊などのように仮想すべり面が急角度をなす場合には，締付け効果を最大限に作用させるように対応してきた。この間に，設計アンカー力は引止め効果，締付け効果のどちらかひとつの効果で設計していた時代から両方の効果を見込んだ設計へと変化してきた。

　現在，アンカーに求められている効果は，残存引張り力によって地盤の変位を抑止し，安定を図ることである。そのためには，変形抑止と安定のために必要な残存引張り力が残るように定着時緊張力を与えることが必要である。

　例えば，潜在すべり面を持つ地山（現状安全率1.05）を切土した場合，その切り方によっては切土後の安全率は0.9にも0.7にもなる（**付録図-6.11**）。これらの切土のり面に安全率1.2となるようなアンカーを設計し，定着時緊張力として設計アンカー力の50%（一般的と言われている値）を導入した場合，その安全率は0.9のすべりは1.05，0.7のすべりは0.95となる。0.95ではアンカーの目的である変形の抑止と安定が保たれているとは言いがたい。また，定着時緊張力の導入により安全率1.05ののり面でもその後の地盤のクリープや引張り材のリラクセーションなどにより残存引張り力が10%低下した場合，安全率1.0を下回ることが想定される。

　上記のことから，様々なケースのある斜面や切土のり面において，定着時緊張力を設計アンカー力の割合（%）で一律に設定することは，対策を受けた斜

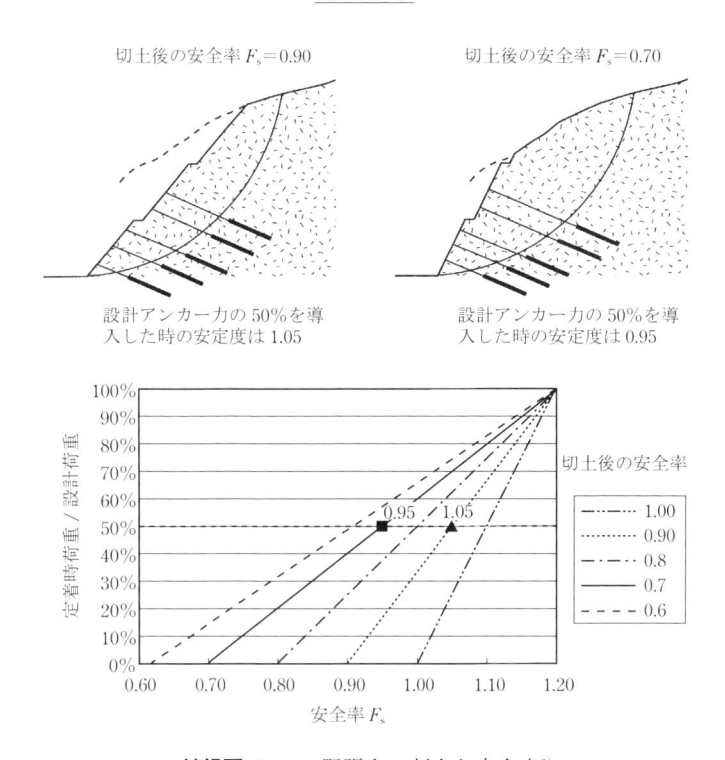

付 録 6

切土後の安全率 $F_s=0.90$

切土後の安全率 $F_s=0.70$

設計アンカー力の50%を導入した時の安定度は1.05

設計アンカー力の50%を導入した時の安定度は0.95

切土後の安全率
- 1.00
- 0.90
- 0.8
- 0.7
- 0.6

付録図-6.11 緊張力の割合と安全率[9]

面や切土のり面の安定にバラつきができ,「適切な対策がなされた」,あるいは「将来的に適切な維持管理がなされる」とは言い難い。

　また,引止め効果で地すべり土塊の滑動を抑止するアンカーの場合,定着時緊張力が0％でも土塊が移動した際にアンカーの受圧構造物に破損や大きな変形がなく,その役割を果たせるならば,徐々に引張り力が発生して最終的に地すべりは安全率1.0の状態で停止する。これは,地すべりのすべり面が残留強度を持つ粘土であり,地すべりが活動することですべり面の強度がこれ以上低下しないことを前提としている。しかしながら,現在私たちが直面している対策工においては,初生すべりや潜在すべりを対象とすることも多くなってきている。

　この場合,すべりが継続することですべり面の強度は更に低下して,設計時

に求めた設計アンカー力では安全率1.2を確保できなくなってしまう。そのためにも変形を許さない定着時緊張力の導入が必要となってきている。

現行において，設計アンカー力の100%を定着時緊張力として導入しているのは，アンカーの打設角がすべり面と直角に近い場合である。この場合，設計アンカー力の大部分は締付け効果に期待しており，すべり面のせん断抵抗力が十分に作用するためには密着性を高めることが必要である。このようなケースは，すべり面が地表面に平行な表層すべり（表層崩壊）やトップリングなどに代表され，土塊が移動することでアンカー自由長部にせん断力が大きく作用することが想定されるケースである。

アンカー打設後の問題の多くは，残存引張り力が低下して地山の安定が保たれなくなり変形を生じることであるが，寒冷地では逆に冬場の凍上にて地盤が膨らみ，その結果，緊張力が増加する問題も抱えている（**付録図-6.12**）。

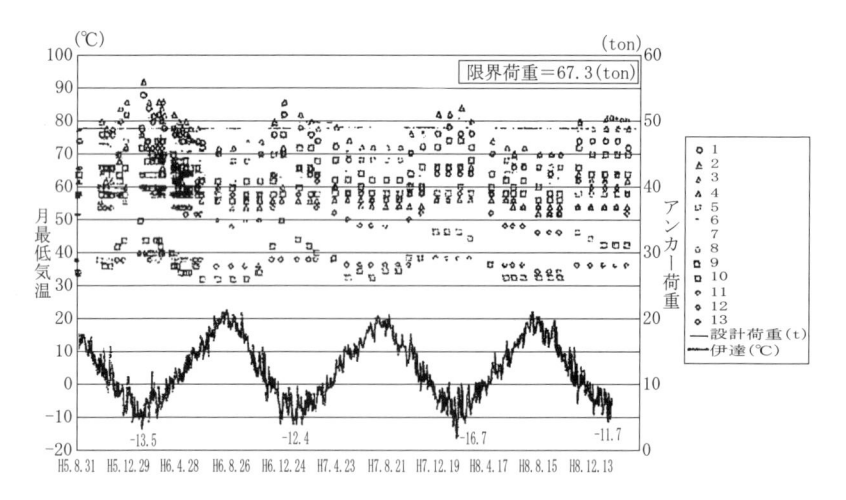

付録図-6.12 ロードセル荷重と最低気温[15]

これらのことを総合的に判断した結果，次のように定着時緊張力を提案する。

＜定着時緊張力を設計アンカー力の100％に設定するケース＞
① アンカーとすべり面のなす角（β）が90°に近い場合。
② 破壊形態が崩壊性地盤（表層崩壊や流盤）やトップリングの場合
③ 初生すべりなどですべり面が発達することですべり面強度が大幅に低下する場合
④ すべり面が明確でない場合
⑤ すべりが発生することで，アンカーに過度のせん断力が作用する場合
⑥ 設計上，締付け効果だけで設計されたアンカーの場合

＜定着時緊張力を$Fs=1.1$程度以上となるように設定するケース＞
① 大きな荷重を与えた場合に，アンカー頭部の地盤が塑性変形する可能性がある崩積土や強風化岩などの地すべりの場合
② すべり面の位置が深く，締付け力が分散されてすべり面に伝達されない可能性のある場合
③ 地表面の凍上が想定される場合
④ 設計上，引止め効果だけで設計されたアンカーで受圧構造物の変形を抑制したい場合

なお，従来どおりに引止め効果だけで設計されたアンカーで，周辺の変形や受圧構造物の変形が許容できる場合はこの限りではないが，安全率1.0以上を満足する定着時緊張力を導入する。

【付録6-9】 土留め・山留めアンカーの初期緊張力と定着時緊張力

　土留めに用いた場合の定着時緊張力は，設計アンカー力の求め方（解析方法）によって異なる。単純梁モデルにより設計アンカー力を求めた場合には，一般に，設計アンカー力の60～70％程度あるいは水圧に釣合う程度とすることが多い。

　一方，梁・ばねモデルによる山留め解析の場合，解析時に想定したプレロード荷重が定着時緊張力となる。

　残存引張り力は，通常，その後の工事の進捗に伴い変化する。複数段のグラウンドアンカーを設置する場合，当該アンカーの直下のアンカーを解体したと

きに最大荷重になる。

付録図-6.13 に山留め対策および浮力対策用のアンカーに対する，経時的な荷重の推移と設計アンカー力について例を示す。

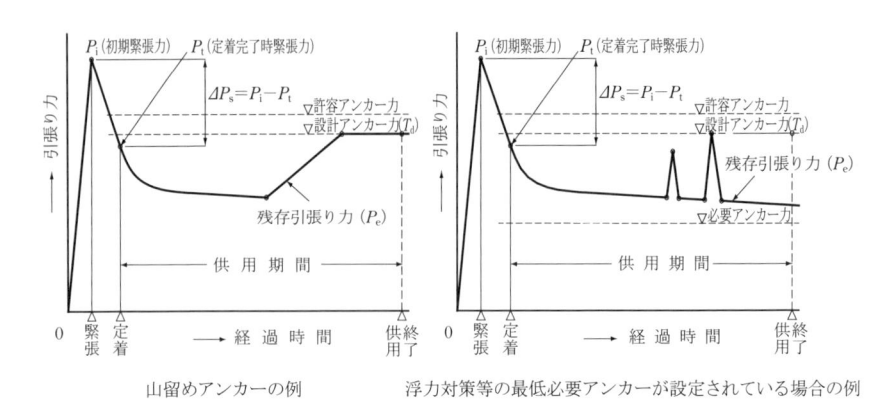

山留めアンカーの例　　　　浮力対策等の最低必要アンカーが設定されている場合の例

付録図-6.13　経時的な荷重の推移と設計アンカー力（例）

【付録6-10】　アンカーの除荷

　アンカーに作用する残存引張り力を除荷する目的の一つとして，早期にクリープ量を減少させる場合がある。ある一定期間設計アンカー力以上で緊張し，クリープが収束した後に所定のプレストレス力に戻す方法である。この際には除荷の必要性があるため，あらかじめ除荷の可能な定着構造としておく。

　このほかに除荷が必要となるのは，軸力計を交換する場合や設計アンカー力以上の荷重が作用する場合である。設計アンカー力以上の荷重が作用する場合は，地盤の強度の低下による土圧の増大，地すべり区域などですべり土塊が拡大した場合，地下水位の上昇，凍上，応力解放，地盤の膨張等が要因として考えられ，これらの可能性については十分な検討を行い，設計段階で定着具の構造を決定する。このように地盤の不安定化によるアンカー力の増大が生じた場合には，テンドンが破断したり，アンカー体が引き抜ける危険性があるため，アンカーの増し打ちなどの対策を行った後に，除荷を行う。

　また，除荷や再緊張に伴い，いったん緊張力を解放する場合には，テンドン

自由長は数～数十cm程度短くなるため，このような場合を考慮して緊張代を決定する必要がある。

【付録6-11】 アンカー定着時における緊張力低下の要因とその影響

1）定着時における緊張力の低下

ジャッキ等により初期緊張力を導入されたテンドンを定着具で固定する際に，定着具のなじみ，すべり等により引張り材が引き込まれ緊張力が低下する。このため，定着する工法特有のセット量をあらかじめ考慮して初期緊張力を決める。

定着完了直後にテンドンに作用している定着時緊張力が，残存引張り力の初期値となる。

2）地盤のクリープ

地盤のクリープには，アンカーを含む構造物全体が対象としている地盤のクリープ的変位とアンカー体周辺地盤の変位がある。地盤のクリープを低減する方法としては，初期緊張力としてテンドンの降伏引張り力の90%以内かつ設計アンカー力の1.2～1.3倍の引張り力をある期間与えた後，所定の定着時緊張力が得られるよう定着する方法もある。なお，重要構造物に永久アンカーを用いる場合には，長期試験を行い，地盤の長期安定性を確認する。任意時間経過後の残存引張り力については，長期試験結果から**8.試験**に示す，式 (8.6) で求めることができる。

3）引張り材のリラクセーション

各種鋼材におけるリラクセーション率は，**4.3 テンドン**に記載のとおりであるが，主にアンカーで使用する PC 鋼材の見掛けのリラクセーション率を**付録表-6.3**に示す。

付録表-6.3 PC鋼材の見掛けのリラクセーション率
（土木学会編：コンクリート標準示方書　設計編一部修正[12]）

PC 鋼材の種類	見掛けのリラクセーション率（%）
PC 鋼線および PC 鋼より線	5
PC 鋼棒	3

4）アンカー自由長部シースと引張り材の摩擦

アンカー自由長部シースと引張り材の摩擦は，テンドン自由長部の加工状態によって異なるが，グリース等を塗布しポリエチレンシース等で被覆した場合，自由長が20m以内であれば無視しても問題ないと考えられる。

テンドンの引張り力は，引張り材の種類，配置の形状等により異なるが，土木学会に準じて次式で算出する。なお，引張り材にPC鋼材用いた場合の一般的な摩擦係数を**付録表-6.4**に示す。

$$P = P_0 \cdot e^{-(\mu\alpha + \lambda\chi)} \tag{6.2}$$

ここで，P：検討断面におけるテンドンの引張り力（kN）
P_0：ジャッキ位置におけるテンドンの引張り力（kN）
μ：テンドンの角変化1ラジアン当りの摩擦係数
α：テンドンの角変化（ラジアン）
λ：テンドン1m当りの摩擦係数
χ：テンドンのジャッキつかみ位置から検討断面までの長さ（m）

付録表-6.4 PC鋼材とシースの摩擦係数
（土木学会編：コンクリート標準示方書 設計編[13]）

	鋼線束	鋼棒	鋼より線
λ	0.004	0.003	0.004
μ	0.3	0.3	0.3

5）粘性土層の圧密

アンカーによる地盤への影響範囲内（**付録図-6.1**参照）に粘性土層がある場合，アンカーにより地盤に新たな応力が加わり，圧密が生じることがある。この圧密による地盤変位により残存引張り力が低下する。

【付録6-12】 連続繊維補強材を用いるアンカー

テンドンに連続繊維補強材を用いるアンカーの設計については，その素材（例えば炭素，アラミド，ガラス，ビニロンなど），成形法（エポキシ樹脂やビニルエステル樹脂などの結合材を含浸させ，硬化させるなど）などによって特

性が異なる。特性とは，リラクセーション率やクリープ破壊に対する耐力，引張り力－ひずみ関係，熱膨張係数などを言う。

ここでは，連続繊維補強材を用いるアンカーの一例を示す。この例[14]では，テンドンに炭素繊維より線（CFCC）が用いられている。6章で示されたアンカーの設計のうち，**6.1 一般**から**6.5 アンカー頭部**および**6.8 構造物全体の安定**に関しては，各々基準に準ずる。

1）テンドン（CFCC）の許容引張り力（T_{as}）

テンドンの極限引張り力に対する低減率を**付録表-6.5**に，テンドンの極限引張り力と特性値を**付録表-6.6**に示す。

付録表-6.5 テンドンの極限引張り力に対する低減率

分類		テンドン極限引張り力 (T_{us}) に対して
ランクA	（常　時）	0.60
	（地震時）	0.75
初期緊張時，試験時		0.75

付録表-6.6 テンドンの極限引張り力と特性値（実験値）

本数－径	2-ϕ12.5	3-ϕ12.5	4-ϕ12.5	5-ϕ12.5	6-ϕ12.5
テンドンの極限引張り力 T_{us} kN	350	525	700	875	1,000
弾 性 係 数 E_s kN/mm²		154			
実験値 破断荷重平均値 kN	400	622	800	1,000	1,153
実験値 弾 性 係 数 kN/mm²	151	153	152	150	153
実験値 破 断 時 伸 び ％	1.74	1.79	1.74	1.75	1.66

2）テンドンとグラウトとの付着力から求まる必要テンドン拘束長（l_{sa}）

テンドンからグラウトへの応力伝達方式は，テンドンとグラウトとの付着力による。

必要なテンドン拘束長（l_{sa}）は，下式により求める。

$$l_{sa} = \frac{T_d}{U \cdot \tau_{ba}} \tag{6.1}$$

ここに，T_d：設計アンカー力

U：テンドンの付着周長（**付録表-6.7**）

τ_{ba}：許容付着応力度（**付録表-6.8**）

l_{sa}：テンドン拘束長

CFCC とグラウトの付着周長を**付録表-6.7**に，許容付着応力度を**付録表-6.8**に示す．

付録表-6.7　引張り材の本数と付着周長

構成	ストランド径 d_s (mm)	12.5				
	ストランド数 N_s (本)	2	3	4	5	6
	引張り材付着周長 L_{rs} (mm)	79	117	157	196	236

※ϕ 12.5 単線の周長　$12.5\pi = 39.27$ mm

付録表-6.8　許容付着応力度（N/mm^2）

引張り材の種類 ＼ グラウトの設計基準強度	24	30	40 以上
許容付着応力度	0.8	0.9	1.0

CFCC とグラウトとの付着試験によると，PC 鋼より線の場合と比較して，非常に高い付着応力度を示す．しかしながら，CFCC とグラウトとの付着性能は，研究，実験データともに十分であるとは言えないことから，当基準に準じた値が採用されている．

3）アンカーの許容引抜き力（T_{ag}）

鋼材の場合に準じて決定する．

参　考　文　献

1) PTI：Post-Tensining Institute
2) British Standards Institution：British Standard Code of Practice for Ground Anchorages, 1989.
3) Littlejohn and Bruce：Rock Anchors：State-of-the-Art. Foundation

Publications Ltd., Brentwood, Essex, England, 1977.
4) Ostermayer : Detailed Design of Anchorages Review of Diaphragm Walls, I.C.E., London, pp. 55-61, 1977.
5) Von Soos : Anchors for Carrying Heavy Tensile Loads into the Soil. In : Proc. 5 th European Conf. On Soil Mech. and Found. Engng., Madrid, 1, pp. 555-563, 1972.
6) Habib : Recommendations for The Design, Calculation, Construction and Monitoring of Ground Anchorages, 1989.
7) U. S. Department of Transportation Federal Highway Administration : Permanent Ground Anchors, pp. 95-97, 1984.
8) British Standards Institution : British Standard Code of Practice for Ground Anchorages, pp. 97-98, 1989.
9) 東日本高速道路株式会社・中日本高速道路株式会社・西日本高速道路株式会社：グラウンドアンカー設計・施工要領，2007.
10) British Standards Institution : British Standard Code of Practice for Ground Anchorages, pp. 25-28, 1989.
11) 地盤工学会：グラウンドアンカー設計・施工基準，同解説，2002.
12) 土木学会編：コンクリート標準示方書 設計編，pp. 62-63, 2007.
13) 土木学会編：コンクリート標準示方書 設計編，p. 214, 2007.
14) NMアンカー協会：NMグラウンドアンカー設計施工マニュアル，2009.
15) (財)高速道路技術センター：グラウンドアンカー工の維持管理に関する検討報告書，p. 70, 2001.

【付録 8-1】 試験の計画

試験計画書の主な記載事例を**付録表-8.1**に示す。

付録表-8.1 試験計画書の主な記載事項の例

	項　　目	主な記載事項の例
1	アンカー工事の概要	・工事件名 ・工事場所（住所・位置図） ・用途 ・工期 ・その他
2	地盤条件	・地層の柱状図 ・地層断面 ・N値より推定される周面摩擦抵抗
3	アンカーの使用目的	・使用目的（斜面安定，浮力対策，土留め工） ・その他目的に関する記載事項
4	試験の目的と種類	・試験の種類（基本調査試験，適性試験・確認試験）
5	試験の実施位置	・試験するアンカーと地盤との位置（深さ）関係 ・平面図（調査ボーリングと試験アンカーの位置関係）
6	試験アンカーの種類と諸元	・試験アンカーの工法 ・テンドンの強度（特性） ・設計アンカー力，アンカー体径，長さなど
7	アンカーの施工体制	・管理者（責任技術者） ・安全管理体制
8	施工方法	・一般事項 ・準拠図書（地盤工学会基準等） ・施工フローチャート ・作業手順・施工要領 ・施工管理・品質管理 ・仮設計画 ・施工方法（削孔，挿入，加圧など） ・使用機械 ・使用材料 ・その他
9	試験方法	・計画最大荷重 ・試験装置 　　加力装置（ジャッキのキャリブレーション） 　　反力装置 　　計測装置 ・載荷計画 ・計測項目 ・試験要員の配置体制 ・試験結果の判定基準 ・データ整理法

【付録8-2】試験装置

試験装置は，加力装置，反力装置，計測装置よりなる。

(1) 加力装置

加力装置には，通常，センターホール型の油圧ジャッキと油圧ポンプが用いられる。油圧ジャッキは，その容量とストロークに余裕のあるものを選び，計画最大荷重の1.2倍程度まで載荷可能なものを用意しておく。油圧ジャッキの性能は，荷重の増減が一定の速度でスムーズに行え，かつ一定荷重の保持が容易にできるものとし，使用に先だちキャリブレーションを行っておく。

付録図-8.1 加力装置の一例（左：ジャッキ，右：油圧ポンプ）

(2) 反力装置

引抜き試験の反力装置には，**付録図-8.2**に示すように反力杭を用いて試験を行う場合と，反力盤を用いて試験を行う場合の2種類がある。

これらは，試験実施箇所の地盤性状やヤードの広さ，アンカー体設置地盤の深度等を考慮して総合的に選定する。

反力盤を用いる試験でアンカー体の設置深さが浅い場合には，反力が押さえ荷重として作用し，反力盤の背面の地盤が破壊して，真の極限引抜き力や極限拘束力が求まらないことがある。しかし，押さえ荷重の影響を無視できるような十分な土被りがあり，また背面地盤に破壊が生じないように反力盤の大きさ，強度，剛性を適切に選べば，極限引抜き力や極限拘束力を正確に把握することができる。

適性試験や確認試験を行う場合にも反力装置が必要である。一般的には腹起

付録 8   177

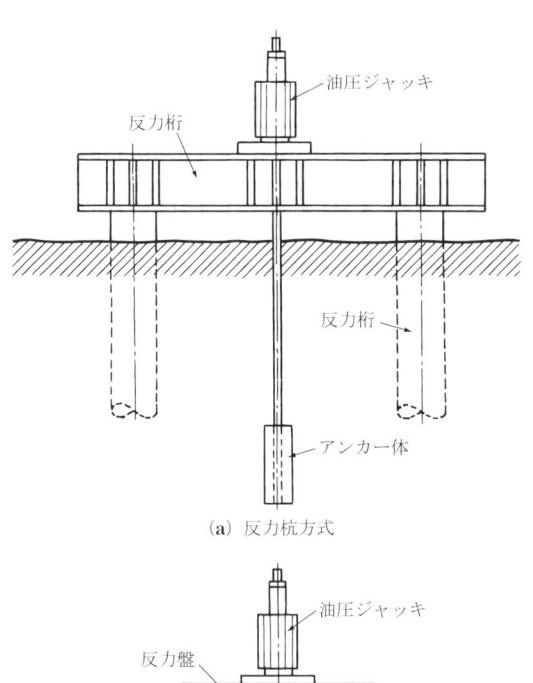

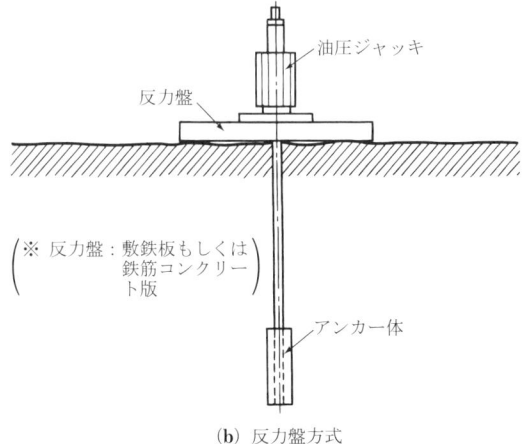

付録図-8.2 基本調査試験時の反力装置の一例

こしや構造物を反力装置として用いることが多いが，試験時の最大荷重は設計アンカー力以上となるので，反力装置の応力や変形について事前に十分な検討を行うことが必要である。

（3）計測装置

計測装置の例を**付録図-8.3**に示す。

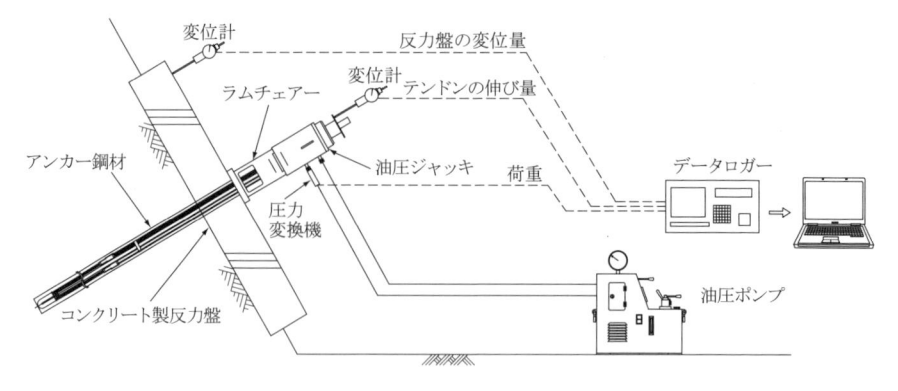

付録図-8.3　計測装置の一例

① 荷重計

　試験荷重の確認装置には，加力装置に組み込まれたブルドン管圧力計や電気式の油圧センサー（圧力変換器），もしくはロードセルがある。

② 変位計

　アンカーの試験に用いる変位計の最小目盛は，0.1 mm とする。テンドンの伸びやクリープなどのアンカーの変位に対して，十分なストロークがない変位計では，試験の途中で盛替えが必要となり，所定の保持時間をオーバーし，計測精度が確保されなくなる場合がある。このため，最大変位量を試験前に予測し，これに対応できる変位計を用意する。

　変位計を取り付ける基準梁や基準杭は，載荷の影響で試験中に変位を生じないように設置する。

③ 時計（経過時間）

　標準時刻を表示する時計と，試験開始からの経過時間を計測する時計（ストップウォッチ）を使用する。

【付録8-3】基本調査試験

　基本調査試験は，アンカーの設計に求める諸定数を求めるために行うので，アンカーの計画・設計前に実施することが望ましい。しかし，アンカー体設置地盤の土質性状が十分に把握できていて施工数量が少ない場合や岩盤，硬い粘性土，締まった砂地盤にアンカーを設置する場合など，これまでの施工実績からアンカーの設計に必要な諸定数が求められる場合には，基本調査試験を省略することができる。

　基本調査試験を省略してアンカーを設計する場合には，類似地盤における試験データや**解説表-6.6**の極限周面摩擦抵抗の値を参考にして設計することになるが，施工後なるべく早期に適性試験を行って設計の妥当性を確認しなければならない。

（1）引抜き試験

　引抜き試験は，試験アンカーの極限引抜き力を調査するとともに，アンカーの諸元を決めるための基本データを得る目的で行う。本基準では，極限アンカー力（T_u）の大きさを，テンドンの極限引張り力（T_{us}），テンドンの極限拘束力（T_{ub}）およびアンカーの極限引抜き力（T_{ug}）のうちの最も小さい値と規定している。

　1）試験アンカーと計画最大荷重

　① 試験アンカー

　試験アンカーの形状は供用アンカーと同じ方が良いが，供用アンカーと同じ形状では，アンカー体より上方の地盤の周面摩擦抵抗も働くので，アンカー体部分だけの極限周面摩擦抵抗あるいは極限支圧抵抗を正確に調べることができない。**付録図-8.4**は，試験アンカーの設置方法の一例を示したもので，アンカー体頭部に袋パッカーを取り付けて自由長部分の引抜き抵抗値を除く処置を講じている。

　② 計画最大荷重

　計画最大荷重の決め方は，以下の2ケースが想定される。

　（ⅰ）設計の確認として行う場合

　　　設計アンカー力，削孔径，アンカー体長など，供用アンカーの仕様の概

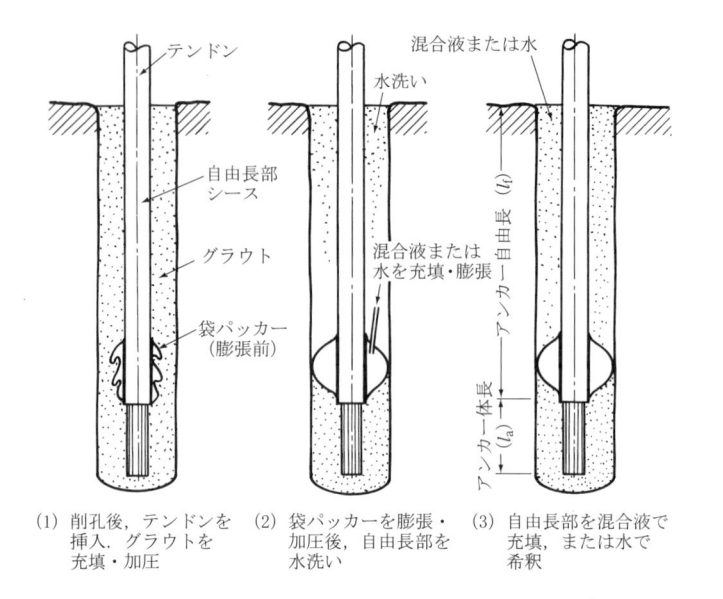

付録図-8.4 引抜き試験用アンカーの設置例

(1) 削孔後，テンドンを挿入．グラウトを充填・加圧
(2) 袋パッカーを膨張・加圧後，自由長部を水洗い
(3) 自由長部を混合液で充填，または水で希釈

要が決まっていて，その極限引抜き力を調査するために引抜き試験を行う場合は，設計に用いた周面摩擦抵抗値より逆算したアンカー力より10～20％大きめの荷重を計画最大荷重とするが，このとき計画最大荷重がテンドンがPC鋼材の場合は降伏引張り力の0.9倍，テンドンが連続繊維補強材の場合は極限引張り力の0.75倍を超える場合には，仕様を同じにして，アンカー体長を短くして試験すると良い．

(ⅱ) 試験により設計値を求める場合

設置地盤でのアンカーの極限引抜き力が比較的大きいと予想され，アンカー体の単位面積当たりの極限周面摩擦抵抗，極限支圧抵抗を求めるために引抜き試験を行う場合は，完全に引き抜けると予測される荷重とするが，完全に引き抜けるように，アンカー体長を短くしたり，テンドン降伏引張り力の0.9倍あるいは極限引張り荷重の0.75倍を超えないようにテンドンの断面積を大きくする．

なお，「**6.3 アンカーの長さ** (3) アンカー体長（l_a）」の項にあるように，

主に支圧により抵抗する方式のアンカーや，アンカー体長が3m未満あるいは10mを超える主に摩擦により抵抗する方式のアンカーについては，供用アンカーと同一仕様の試験アンカーを造成する。

アンカー体長の短い試験アンカーの極限周面摩擦抵抗は，アンカー体長の長い極限周面摩擦抵抗より数10%大きいという引抜き試験結果も報告されている。したがって，引抜き試験の結果を試験アンカーより長いアンカー体長のアンカーに適用する場合には，**付録図-6.9**を参考にして周面摩擦抵抗の大きさをアンカー体長の長さに応じて低減する必要がある。

2）載荷方法と計測項目

載荷は**付録図-8.5**に示すように，荷重と塑性変位量および弾性変位量の関係を求めることのできる多サイクル方式で行う。この多サイクル方式による弾性変位量と塑性変位量から後述の摩擦損失量や見掛けの自由長を算出する。

初期荷重（T_0）は計画最大荷重の10%程度とする。しかし，計画最大荷重が比較的小さい場合には，試験装置の加力方向をテンドンの中心軸方向に一致させることができなくなる場合がある。このような場合には，初期荷重の大きさを，試験装置の自重が保持できる荷重まで増やしてもよい。また，計画より小さい荷重で引き抜ける可能性が考えられる場合は，初期段階のサイクル荷重を下げ，小さい荷重でのアンカーの挙動を確認する。その際載荷サイクルを適時調整する必要がある。

引抜き試験では，通常5～10サイクルで試験を実施することが多い。サイクル数を多くすることによって荷重－弾性変位量曲線や荷重－塑性変位量曲線を作成する際，プロット点数が多くなるので試験の精度をあげることができる。計画最大荷重まで載荷してもアンカーの極限状態を確認できない場合には，続けて単調載荷を段階的に行い，アンカー体が引き抜けるまで載荷するが，試験の安全性を確保する意味から，テンドン降伏荷重の0.9倍あるいは極限引張り荷重の0.75倍以下の載荷とする。**付録表-8.2**は，計画時の各サイクルにおける荷重保持時間の目安を示したもので，責任技術者の判断によって，同表の保持時間を変更することができる。なお，試験時において，クリープ係数などの管理値が十分な値を満足しており，測定を継続しても変化がないと判断される

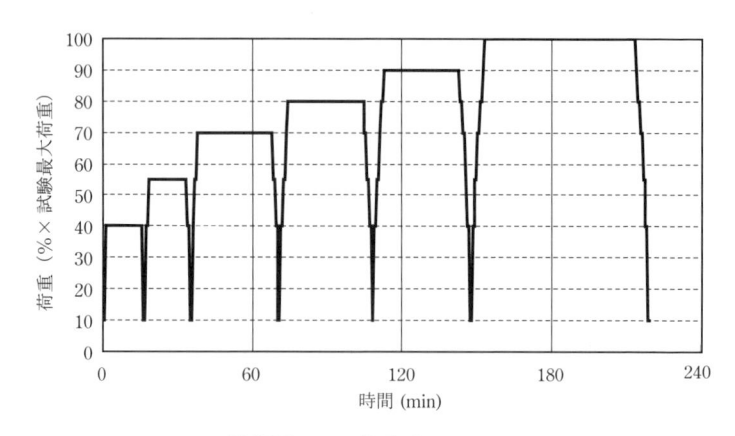

付録図-8.5 載荷計画の一例

付録表-8.2 荷重保持時間の目安（引抜き試験）

Cycle	試験荷重	荷重保持時間 (min)	
		砂質土, 岩盤	粘 性 土
1	0.40 T_p	15	15
2	0.55 T_p	15	15
3	0.70 T_p	30	60
4	0.80 T_p	30	60
5	0.90 T_p	30	60
6	1.00 T_p	60	180

T_p：試験最大荷重

場合には保持時間を短縮してもよい.

　各荷重サイクルでは，連続して荷重と変位を測定する必要がある.

　各荷重間の増荷重速度と減荷重速度の制御は重要で，荷重の増減を急激に行わないように，増荷重速度と減荷重速度をほぼ一定とする．増荷重時と減荷重時，それぞれの載荷速度の目安を**付録表-8.3**に示しておく．

　各荷重段階で変位が安定したか否かは，1分ごとの変位量をプロットして判断する．一般には，荷重保持時間の最後の3分間の変位量の変化が1mm以下になった時点を，変位が安定したとみなすことが多い．

付録表-8.3 載荷速度

載荷種別	載荷速度
増荷重時	$\dfrac{計画最大荷重}{10\sim20}$ kN/min の一定速度
減荷重時	$\dfrac{計画最大荷重}{5\sim10}$ kN/min の一定速度

各新規荷重段階におけるアンカー頭部の変位量と反力装置の変位量は，1分ごとに計測する。

3）試験結果の整理と判定

試験の結果は，荷重（T）－変位量（δ）曲線の形で**付録図-8.6**に示すように整理する。変位量は，変位量（δ）を弾性変位量（δ_e）と塑性変位量（δ_p）に分けて，荷重－弾性変位量曲線と荷重－塑性変位量曲線の形で図示する。ここで，δ_p は初期荷重まで除荷した時点における塑性変位量であり，δ_e は各荷重サイクルにおける最大荷重時の変位量（δ）から δ_p を差し引いたものである。

摩擦損失量（R_v）は，**付録図-8.7**の荷重－弾性変位量（δ_e）曲線の直線部分を延長して荷重軸（T軸）との交点を求め，交点の荷重値と初期荷重との差として求める。

テンドン自由長（l_{sf}）は，荷重－弾性変位量曲線の直線部分の勾配（$\Delta\delta_e/\Delta T$），テンドンの断面積（A_s），テンドンの弾性係数（E_s）から求める。

$$l_{sf} = K E_s A_s = \frac{\Delta\delta_e E_s A_s}{\Delta T} \tag{8.1}$$

ここに，l_{sf}：テンドン自由長
K：荷重-弾性変位量曲線の直線部分の勾配（mm/kN）
E_s：テンドンの弾性係数（kN/mm^2）
A_s：テンドンの断面積（mm^2）
δ_e：荷重-弾性変位量曲線の直線部分における変位量（mm）
T：荷重-弾性変位量曲線の直線部分における荷重（kN）

極限引抜き力（T_{ug}）は，**付録図-8.6**の荷重－変位量曲線が完全に下向きになった時点，もしくは，荷重－塑性変位量曲線の勾配が急激に下向きになった時点の荷重値とする。計画最大荷重まで載荷しても極限状態に達しない場合には，計画最大荷重を極限引抜き力とみなす。

また，引抜き試験結果における極限状態までの塑性変位量と弾性変位量から求めたアンカー自由長の値は，供用アンカー設計時のアンカーばねの評価や自由長部の設計・施工時の検討資料とする。

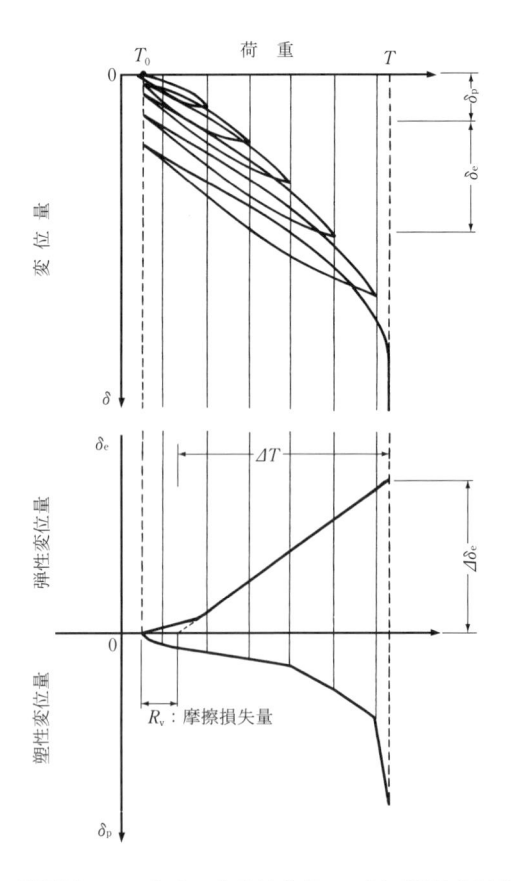

付録図-8.6 荷重〜変位量曲線の一例（引抜き試験）

（2）長期試験

1）試験アンカー

長期試験に用いる試験アンカーは，一般に，実際に供用されるアンカーと同一の仕様のものとする。この試験は，テンドンの残存引張り力を管理する必要があるアンカーに実施されるもので，一般のアンカーでは実施しなくても良い。

2）載荷方法と測定項目

長期試験は，基本調査試験の一環として行われるため，試験用の反力盤が比較的軟弱な地盤に設置されることが多い。このため，長期試験における残存引張り力には，この反力盤の沈下量による影響が含まれ，前述のアンカーの挙動に起因する引張り力の減少を正確に評価することができない。この反力盤の沈下量による荷重低下を評価するために，長期載荷に先だって1サイクル方式で，設計アンカー力の1.1倍まで載荷し，試験アンカーの見掛けのばね定数 (K_a') を求めておく。なお，このときの荷重段階は，確認試験に準じる。

長期試験における荷重段階の一例を**付録図-8.7**に示す。長期試験における初期緊張力 (T_0)，すなわち定着時緊張力 (P_t) は設計アンカー力 (T_d) の1.1倍で，**付録表-8.4**に示す測定時間で残存引張り力，アンカー頭部と反力盤の変位量，気温および時間などを測定する。

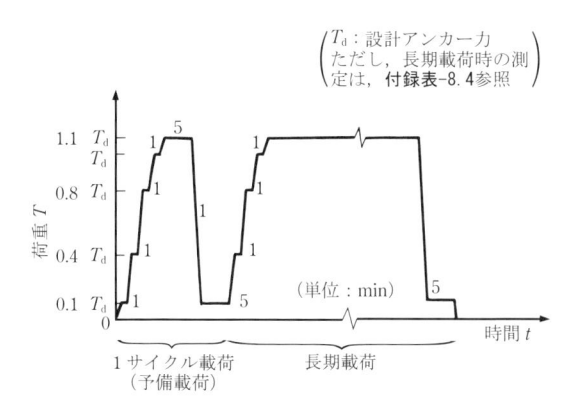

付録図-8.7 載荷計画の一例 （長期試験）

付録表-8.4 長期試験における計測時期

計測時期
0, 1, 2, 5, 10, 15, 30, 60 分経過後, 以後, 30 分間隔で 7〜10 日間

3) 試験結果の整理と判定

反力盤の沈下による引張り力の低下を評価, すなわち, 見掛けのばね定数を求めるために行った1サイクルの載荷試験結果は,「確認試験」に記述されている方法に準じて整理する.

長期試験の測定結果は, **付録図-8.8** に示すように, 対数目盛の横軸に経過時間 (t), 普通目盛りの縦軸に残存引張り力 (P), アンカー頭部の変位量, 反力盤の沈下量, 反力盤の沈下による荷重低下量, 気温の関係をまとめる. なお, 時間経過に伴う気温の変化が大きく, アンカー頭部の変位量への気温の影響が無視できない場合には無加力時のアンカー頭部変位量の変化と気温の変化量の関係を基にして, アンカー頭部の変位量を補正する.

以上の測定結果から, 反力盤の沈下量による影響を取り除いたアンカー分の残存引張り力の低下係数を下記のように求める.

$$R_0 = \frac{-(P_2 - P_1)}{\log t_2 - \log t_1} \tag{8.2}$$

$$R_g = K_a' \times \frac{S_2 - S_1}{\log t_2 - \log t_1} \tag{8.3}$$

$$R_a = R_0 - R_g \tag{8.4}$$

ここに,

R_0 : 時間 t_1〜時間 t_2 における残存引張り力の低下係数 (kN/min)

R_g : 反力盤の沈下による残存引張り力の低下係数 (kN/min)

R_a : アンカーに起因する残存引張り力の低下係数 (kN/min)

P_1, P_2 : 時間 t_1, 時間 t_2 における残存引張り力 (kN)

S_1, S_2 : 時間 t_1, 時間 t_2 における反力盤の沈下量 (mm)

K_a' : 試験アンカーの見掛けのばね定数 (kN/mm)

付 録 8

P
(残存引張り力)

※ $P_e = P_1 - R_a \log t_e$

(勾配＝R_a)

$R_a = R_0 - R_g$

(勾配＝R_0)

$R_0 = \dfrac{-(P_2 - P_1)}{\log t_2 - \log t_1}$

経 過 時 間 (対数軸)

(**a**) 残存引張り力

経 過 時 間 (対数軸)

S
(反力盤の沈下量)

(**b**) 反力盤の沈下量

経 過 時 間 (対数軸)

(勾配＝R_g)

$R_g = K_a' \times \dfrac{(S_2 - S_1)}{\log t_2 - \log t_1}$

P
(反力盤の沈下による荷重低下量)

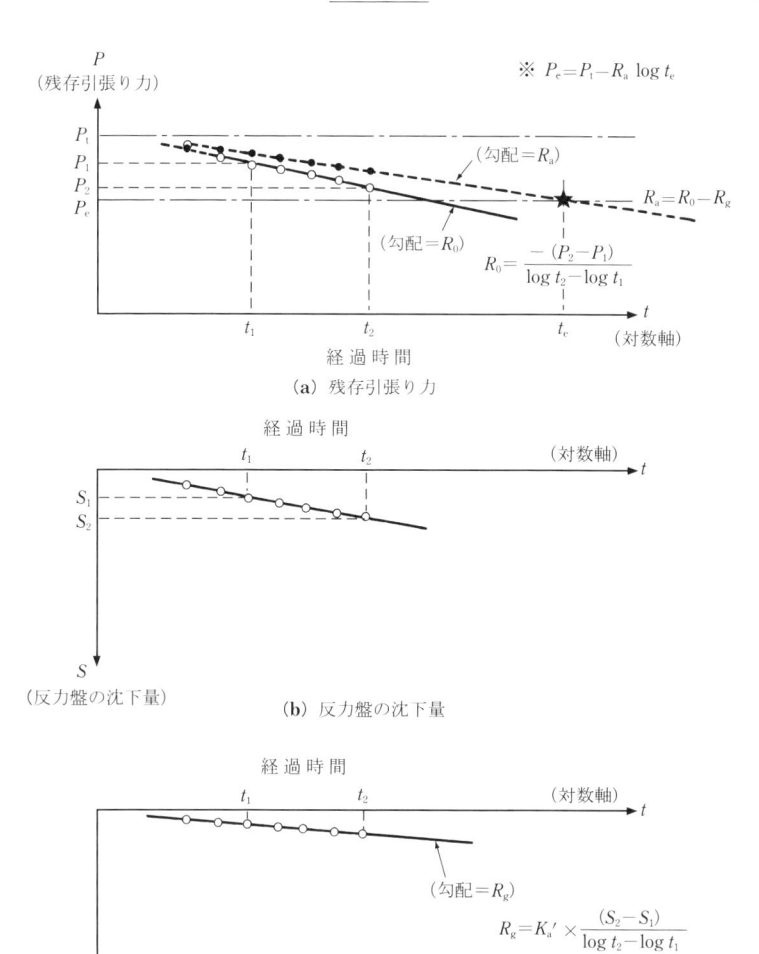

(**c**) 反力盤の沈下による荷重低下量

付録図-8.8 長期試験結果の一例

$$K_a' = \dfrac{E_s A_s}{l'_{sf}} \tag{8.5}$$

E_s：テンドンの弾性係数（kN/mm^2）

A_s：テンドンの断面積（mm^2）

l'_{sf}：テンドン自由長（mm），算定法は，式（8.1）を参照

実供用期間（経過時間 t_e 後）における残存引張り力の補正値（P'_e）は，以下のようにして求める．

$$P'_e = P_t - R_a \log t_e \tag{8.6}$$

ここに，

P'_e：補正残存引張り力（kN）

P_t：定着時緊張力（kN）

長期試験では，アンカー頭部と反力盤の変位量を 7～10 日間計測するが，試験終了時の残存引張り力が所要の残存引張り力を下まわる場合には，定着時の緊張力を大きくする必要がある．

また，式（8.6）で求められる補正残存引張り力には，供用期間中のアンカーの挙動変化による低下量，すなわち「**6.7　定着時緊張力**」の項の解説にある「2）地盤のクリープ」のうちのアンカー体周辺地盤の変位，「3）テンドンのリラクセーション」，「4）アンカー自由長部シースとテンドンの摩擦」の応力発生状況の変化による低下しか見込まれていない．したがって，アンカー体と構造物の間に圧密粘性土層などの圧縮性が大きな地盤がある場合には，その地盤変形による引張り力の低下も考慮する必要がある．

【付録 8-4】適性試験

実際に供用されるアンカーを用いて適性試験を行い，アンカーの設計および施工が適性であるかを判定する．

（1）載荷方法と計測項目

載荷方法は基本調査試験の引抜き試験に準じ，載荷と除荷を繰り返す．計測項目も基本調査試験の引抜き試験に準じる．

付録表-8.6 に載荷方法，**付録図-8.9** に載荷計画の一例を示す．

付録表-8.6 載荷方法

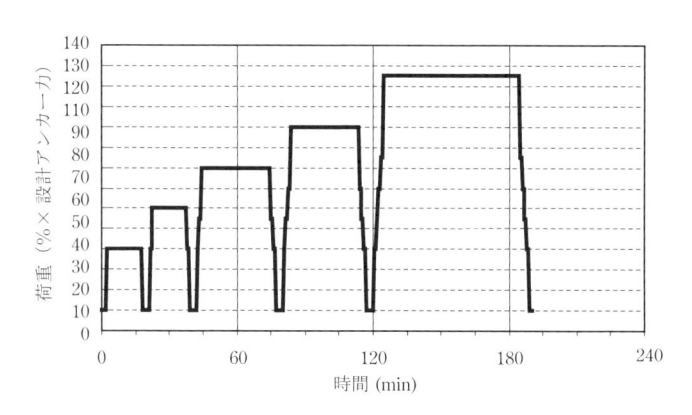

サイクル	試験荷重 ランクB	試験荷重 ランクA	荷重保持時間 (min) ランクB 砂質土岩盤	荷重保持時間 (min) ランクB 粘性土	荷重保持時間 (min) ランクA 砂質土岩盤	荷重保持時間 (min) ランクA 粘性土
1	$0.40\,T_d$	$0.40\,T_d$	1	1	15	15
2	$0.60\,T_d$	$0.60\,T_d$	1	1	15	15
3	$0.80\,T_d$	$0.80\,T_d$	5	5	30	60
4	$1.00\,T_d$	$1.00\,T_d$	5	5	30	60
5	$1.10\,T_d$	$1.25\,T_d$	30	60	60	180

付録図-8.9 適性試験の載荷計画の一例（ランクA）

1）計画最大荷重

計画最大荷重はテンドンの強度特性や**解説表-6.1**による供用期間や構造物の重要度による分類などを考慮して定める。ただし，次に示す荷重を超えないものとする。

　　ランクA　設計アンカー力（T_d）×1.25

　　ランクB　設計アンカー力（T_d）×1.10

前者のテンドンの強度特性などから定まる値とは，試験における載荷（緊張）作業中におけるテンドンの許容引張り力の制限値や，テンドンの加工方法による強度低下などの影響を考慮したものである。以下，テンドン材質ごと，

緊張作業中におけるテンドンの許容引張り力の制限値を示す。
  i) PC鋼材：降伏引張り力の0.9倍
  ii) 連続繊維補強材は別頁による。
　ランクBの場合は設置地盤の不均一性，地盤調査の信頼性，荷重算定の不確実性，設計の不確実性，施工のばらつき，**解説表-6.1**に示した供用期間，対象構造物の重要度を考慮し，この程度の大きさの力に対してはアンカーの品質を保証しておきたいことから規定したものである。
　基準で規定する計画最大荷重は上限値であり，試験は実際に供用されるアンカーを用いて行うことから，現場の実状に即して責任技術者の判断で，これ以下に定めてよい。
　2）初期荷重
　初期荷重はアンカー引張り力の地盤への伝達方式やテンドンの長さを考慮し，適切に決定すべきである。値としては荷重－変位量関係，特に塑性変位量を正確に把握するためには極力小さい方が望ましいことから，計画最大荷重の約0.1倍とした。計画最大荷重の約0.1倍より大きくすると，荷重－変位量関係を正確に把握できなくなるおそれがあるためである。ただし，計画最大荷重が小さく，初期荷重を計画最大荷重の約0.1倍とすると荷重が小さくなりすぎ，試験装置の加力方向がテンドンの軸中心方向と一致しなくなる場合には，一致できる値まで大きくしてよい。
　アンカー引張り力の地盤への伝達方式の違いや台座の構造により，初期荷重を計画最大荷重の約0.1倍とすることができない場合は，責任技術者がこれを適切に定めてよい。ただし，アンカー引張り力の地盤への伝達方式の違いによる場合は，初期荷重の値のみならず，荷重－変位量関係の判定を含めた検討が必要となる。
　3）荷重保持時間
　基本調査試験の引抜き試験の試験結果によっては，試験における荷重保持時間を**付録表-8.6**に示す値より短くしてもよい。
　4）その他
  i) 基本調査試験の引抜き試験を省略した場合には，施工後なるべく早期に

適性試験を行い，アンカーの設計および施工が適切であるか否かを判定することが望ましい。

ⅱ) 試験においては設計アンカー力以上の荷重を載荷するため，載荷時に反力装置，例えば土留めの腹起し，台座，支圧板が変形し，計画最大荷重まで載荷できないといった事態が生じないようにしなければならない。このためには，計画最大荷重に対してこれらの部材の検討（発生応力度，変形量）を行い，必要により補強しておくことが大切である。

(2) 試験結果の整理と判定

1) 試験結果の整理

ⅰ) 試験結果は基本調査試験の引抜き試験に準じて，以下の項目について整理する。

　　a. アンカーの概要（施工場所，使用目的，設計者，責任技術者，地盤概要，アンカー諸元）

　　b. 試験概要（多サイクル確認試験，試験日時，試験装置）

　　c. 試験アンカーの施工実績（試験位置，施工日時，施工機器，材料，施工者）

　　d. 計測項目と計測装置（ジャッキのブルドン管，変位計，応力計，時計，計測装置組立図）

　　e. データ整理法（判定基準を含む）

　　f. 載荷計画（荷重－時間サイクル関係図）

　　g. 1本ごとの試験結果（試験アンカーの諸元，試験結果のグラフ）

　　h. 試験結果一覧表

　　i. その他特記事項（試験結果の考察，試験時の問題点，安全管理）

　　j. 数値データ集

ⅱ) データ整理は以下のように行う。

　　a) 荷重(P)-変位量(δ)曲線，荷重(P)-弾性変位量(δ_e)曲線，荷重(P)-塑性変位量(δ_p)曲線に整理する（**付録図-8.10** 参照）。

　　b) 時間($\log t$)〜変位量(δ)曲線を作成したのち，設計アンカー力に対して，次式によって定義するクリープ係数(α)を算出する。

$$\alpha = \frac{(s_b - s_a)}{\log(t_b/t_a)} \tag{8.7}$$

ここで, s_b, s_a : t_b, t_a における頭部変位量（mm）

t_b, t_a : 計画最大荷重時の荷重保持時間（min）

2）判定

設計および施工が適性であるか否かの判定は，以下の項目に対し次の判定基準により行う。

ⅰ）設計アンカー力に対して安全かどうか。

計画最大荷重は設計アンカー力より大きく設定されており，これに耐えられれば設計および施工が適性であると判定する。

ⅱ）荷重－変位量関係が適性かどうか。

付録図-8.10 の荷重－弾・塑性変位量曲線において，図中に示す許容範囲に入っていれば設計および施工が適性と判定する。許容範囲は設計上の理論伸び量に対し，±10％ 以内とする。

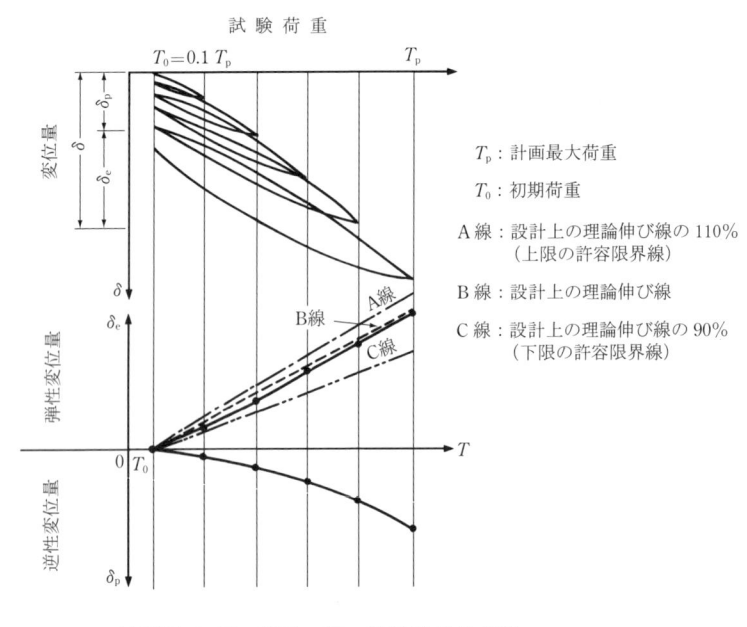

付録図-8.10 荷重－弾・塑性変位量曲線

この範囲から外れた場合には，そのアンカーを供用しないものとするが，荷重が小さい段階ではテンドンとシースの摩擦などによって弾性変位量が理論伸び量に比べて小さくなることがある。そのため**付録図-8.11**のように設計アンカー力に相当する荷重で，理論伸び量に対して±10％の範囲にあれば，構造物の安定上に必要なテンドンの自由長が確保できたものとして適性であると判定する。特にアンカー長が30 mを超えるような長尺アンカーの場合は，摩擦損失の影響が大きく，弾性変位量が小さくなる傾向がある。

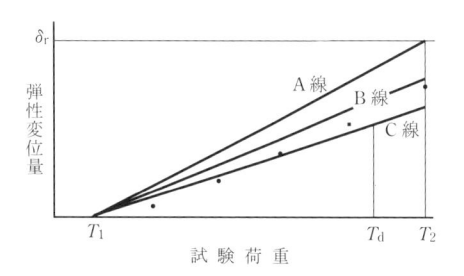

付録図-8.11 荷重－弾性変位量曲線

iii) アンカーの変位

最大荷重保持時，所定の時間ごとの変位量をプロットし，クリープ係数を表したものが**付録図-8.12**である。判定は，変位やクリープ係数が**付録表-8.8**の値を超えないこととする。

最大試験荷重時で，**付録表-8.7**の経過時間で変位量が0.5 mmをこえた場合，**付録表-8.8**に記載している試験時間を延長する。

付録表-8.7 試験時間延長の目安

ランク	地 質	経過時間 (min)	変位量 (mm)
A	砂質土・岩盤	20～60	0.5
	粘性土	60～180	0.5
B	砂質土・岩盤	10～30	0.5
	粘性土	20～60	0.5

なお，**付録表-8.7**の経過時間を越した場合で，$t_b/t_a=3.0$となるインターバル（例えば，$t_b=90$ min，$t_a=30$ min）で，その間の変位量が0.5 mm以下であれば，アンカーが適性であると判断する。

それ以上に変位が増加し続ける場合は試験時間を延長する。

最大試験時間は，ランクAのアンカー場合，砂質土・岩盤の場合で120分，粘性土で360分とし，ランクBのアンカー場合には，砂質土・岩盤の場合で60分，粘性土で120分として，そのときのクリープ係数αが，$\alpha \leq 2.0$ mmとなれば良い。(**付録表-8.8**)

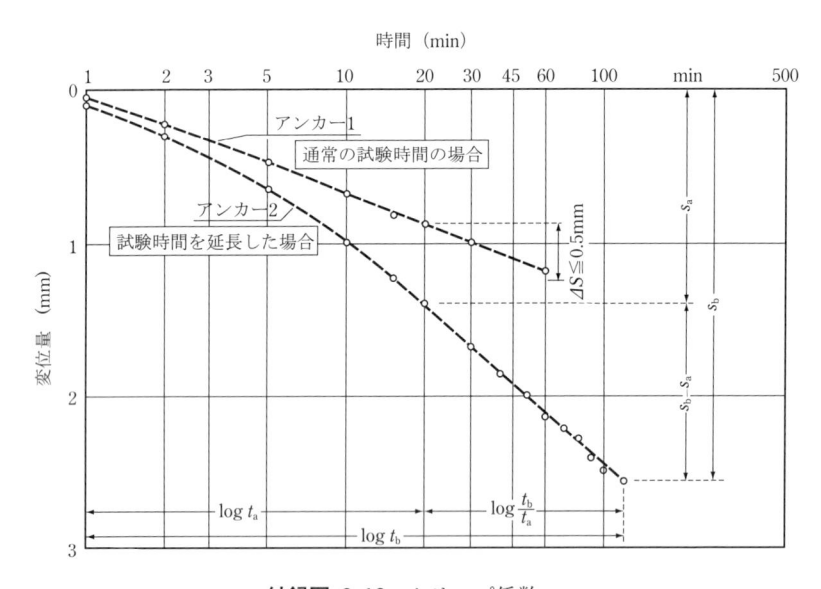

付録図-8.12 クリープ係数

$$\alpha = (s_b - s_a)/\log(t_b/t_a)$$

s_a：時間t_aにおけるアンカーの頭部変位量（mm）

s_b：時間t_bにおけるアンカーの頭部変位量（mm）

t_a：係数計算開始時間

t_b：係数計算終了時間

付録表-8.8 適性試験の判定

		ランクB		ランクA	
		砂質土, 岩盤	粘性土	砂質土, 岩盤	粘性土
1 P_p	試験荷重	$1.10\,T_d$	$1.10\,T_d$	$1.25\,T_d$	$1.25\,T_d$
2 通常の場合	試験時間 $t_a[\min]$ $t_b[\min]$ 変位 $\Delta s = s_b - s_a$	10 30 ≦0.5	20 60 ≦0.5	20 60 ≦0.5	60 180 ≦0.5
3 $\Delta s < 0.5$mm で計測時間を延長した場合	最大試験時間 $t_b[\min]$ クリープ係数 $\alpha[\mathrm{mm}]$	≧60 2.0	≧120 2.0	≧120 2.0	≧360 2.0

iv) テンドン自由長の確認

見かけのテンドン自由長は次式により求められる。

$$L_{\mathrm{app}} = \frac{A_t \cdot E_t \cdot \Delta_s}{P_p - P_a - \Delta P_f}$$

L_{app}：見かけのテンドン自由長

A_t：テンドンの断面積

E_t：テンドンの弾性係数

Δ_s：弾性変位量

P_p：証明荷重（試験最大荷重）

P_a：初期荷重

ΔP_f：摩擦抵抗（**付録図-8.13**）

L_{app}が，以下の基準値内にあるか，判定する。

上限値：$L_{\mathrm{app}} \leqq 1.10\,L_{tf} + L_e$

下限値：$L_{\mathrm{app}} \geqq 0.90\,L_{tf} + L_e$

L_{app}：テンドンの見かけの自由長

L_{tf}：テンドン自由長

L_{tb}：テンドン拘束長

L_e：テンドン余長

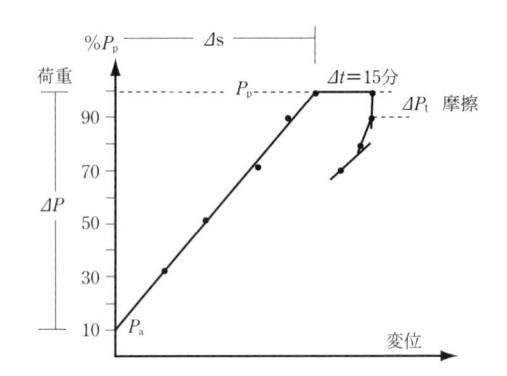

付録図-8.13 摩擦がある場合の荷重－変位曲線

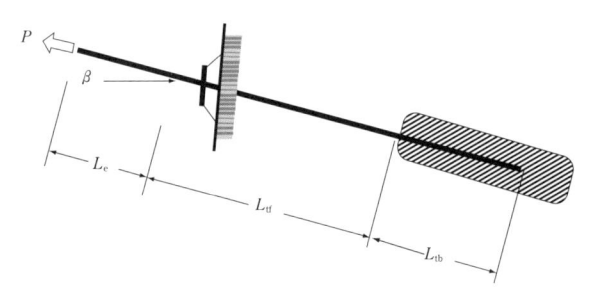

付録図-8.14 アンカー模式図

見かけのテンドン自由長がこれらの許容値を超えた場合は，試験を繰返し実施して確認する。同じような荷重変位の挙動を示した場合は，責任技術者の判断で決定する。

【付録 8-5】 確認試験

（1）載荷方法と計測項目

載荷方法は，適性試験結果と比較するという観点から，塑性変位量も把握できるよう，**付録図-8.15**に示すように1サイクルの載荷と除荷を行い，その後，初期緊張力で定着する。計測項目は，適性試験に準ずる。

計画最大荷重は，以下の通りとする。

　　ランクA　設計アンカー力 $(T_d) \times 1.25$

ランクB　設計アンカー力（T_d）×1.10

テンドンの緊張作業に対する制限値などを考慮して設定し，台座，支圧板等の反力装置の検討（発生応力度，変形量等）や補強は適性試験と同様とする。

付録表-8.9に載荷方法，**付録図-8.15**に載荷計画の一例を示す。

付録表-8.9　載荷方法

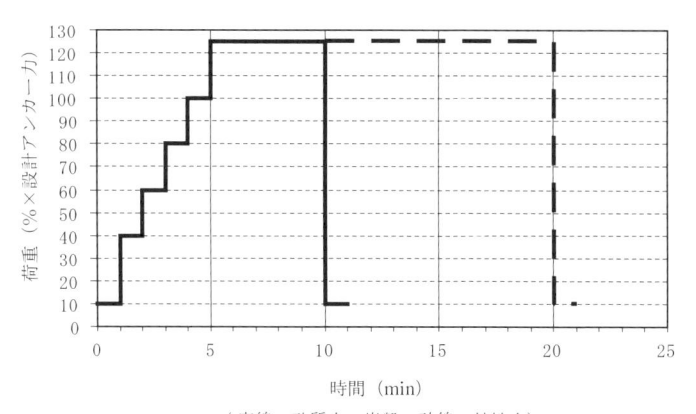

Cycle	試験荷重		荷重保持時間（min）	
	ランクB	ランクA	砂質土，岩盤	粘性土
1	$0.40\,T_d$	$0.40\,T_d$	1	1
2	$0.60\,T_d$	$0.60\,T_d$	1	1
3	$0.80\,T_d$	$0.80\,T_d$	1	1
4	$1.00\,T_d$	$1.00\,T_d$	1	1
5	$1.10\,T_d$	$1.25\,T_d$	5	15

（実線：砂質土・岩盤，破線：粘性土）

付録図-8.15　載荷計画の一例（ランクAの場合）

（2）試験結果の整理と判定

① 試験結果の整理

試験結果は適性試験に準じて整理する。データ整理は以下の形で行う。

ⅰ）荷重（P）－変位量（δ）曲線に整理する（**付録図-8.16**）。

ⅱ）塑性変位量を求める。

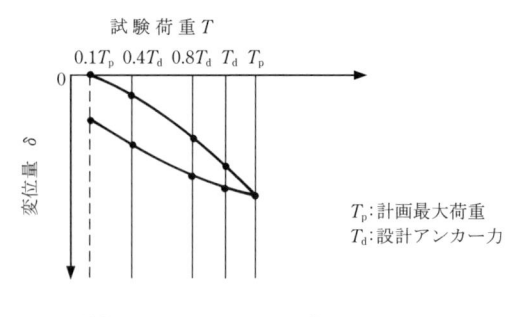

付録図-8.16 荷重—変位量曲線

② 判定

試験時には，**付録表-8.10**の変位量を超えないことが必要である。

砂質土岩盤地盤：2～5分間で変位が0.2mm以下。変位がこれ以上ある場合は，荷重保持時間を10分に延長して，クリープ係数が2.0mm以下を確認する。
粘性土：5～15分間で変位が0.25mm以下。変位がこれ以上ある場合は，荷重保持時間を30分に延長して，クリープ係数が2.0mm以下を確認する。
見かけの自由長の確認は，適性試験に準ずる。

計画最大荷重は設計アンカー力より大きく設定されており，これに耐えられれば適性と判定する。加えて，多サイクル確認試験の結果と対比して，荷重－変位量関係（計画最大荷重時の変位量，初期荷重まで除荷したときの塑性変位

付録表-8.10 確認試験の判定

試験荷重	砂質土，岩盤	粘性土
	最大荷重時	最大荷重時
試験時間 t_a[min] t_b[min] 変位 $\Delta s = s_b - s_a$ (mm)	2 5 ≦0.2	5 15 ≦0.25
最大試験時間 t_b[min] クリープ係数 α[mm]	≧10 2.0	≧30 2.0

量）に大きな差異のないことをもって適性と判定する。許容範囲は設計上の理論伸び量に対し，±10％以内とする。

この判定基準を満足できない場合の対処は，責任技術者の判断による。

【付録8-6】 その他の確認試験

定着直後を含むアンカー供用期間に，所定の緊張力が保持されているかどうかを確認するための試験であり，定着時緊張力確認試験，残存引張り力確認試験，リフトオフ試験（**9.2**参照）がある。

（1） 定着時緊張力確認試験

① 試験アンカー

定着時に所定の緊張力を保持できないアンカー，適性試験においてクリープ係数（α）2 mm 未満を満足できないアンカー，確認試験においてクリープ挙動に疑問のあるアンカーを対象とし，試験アンカー数は判断に必要な本数とする。

② 載荷方法と計測項目

載荷は定着直後から引き続いて実施する。計測項目は荷重と変位量とし，計測時期は定着後，5分後，15分後，50分後とする。

③ 試験時期

施工を開始した後，早い時期に行う。

④ 試験結果の整理と判定

荷重(P)－時間(t)曲線に整理する。荷重減少の主な原因は，**6.7**に記述されている地盤のクリープと考えられ，計測時期間隔ごとの荷重の減少量が1％未

付録表-8.11 継続計測時期と許容荷重減少量の目安

継続計測時期	許容荷重減少量
150分	4％
500分	5％
1日	6％
3日	7％

満であれば,そのアンカーは適性と判定し供用してよい。もし,減少量が1%以上の場合には,**付録表-8.11**を参考にさらなる計測期間を設定するとともに荷重の減少量の許容値を定めてよい。この判定基準を満足できない場合の対処は,責任技術者の判断による。

【付録8-7】 その他の試験

(1) 繰返し試験

繰返し試験の方法については,荷重条件などによって一律に決めることはできない。ここでは,繰返し試験の一例を**付録図-8.17,18**に示す。繰返し回数は許容アンカー力以下では大体15〜20回で安定している実例から一応30回としたが,荷重が大きい場合,あるいは地盤条件によって30回でも安定性が見受けられないときは,さらに回数を増やすことや破壊に至る挙動を把握することも必要となる。

(2) 群アンカー試験

試験には以下に示す2通りの方法がある。

1) 隣接する2本以上のアンカーをそれぞれ単独に緊張した場合と,同時に緊張した場合とを比較することにより,グループ効果を把握する。

2) 1本のアンカーを緊張・定着した状態で,隣接するアンカーを緊張する

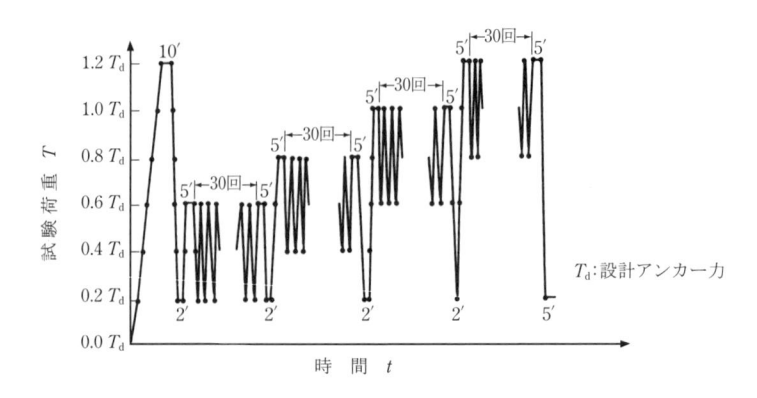

付録図-8.17 荷重サイクル例

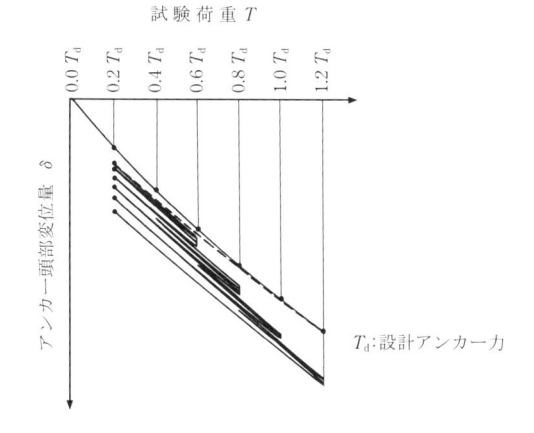

付録図-8.18 荷重―変位量曲線例

ことにより，先に定着したアンカーの残存引張り力からグループ効果を把握する。(**付録6-2**参照)

(3) 残存引張り力確認試験

1) 試験アンカー

施工したアンカー全数の中から代表的なものを選定する。その選定にあたっては，全体を代表するものであるとともに，試験器材の搬入の利便性を考慮するのがよい。

2) 載荷方法と計測項目

載荷はアンカー頭部の定着に使用したジャッキあるいは，アンカーの仕様に沿ったジャッキによって行い，定着具と支圧板の接触が緩んだときの荷重をもって，残存引張り力とする。(リフトオフ試験，**付録9-1** 健全性調査の方法について参照)

この方法は，頭部キャップの防錆油を除いた後，頭部キャップを取り外して実施するため多くの作業を伴うが，試験と同時に残存引張り力を定着時緊張力に調整することができる。

もう一つの方法に定着具と支圧板の間にロードセルを設置する方法があり，この方法を用いれば上記のような多くの作業を行うことなく，常時残存引張り

力を測定することができる。ロードセルを利用する方法は，常時，構造物の安定を管理できると同時に，地震直後の異常や地すべりの発生を即時に発見できることが可能である。また，多くのデータから設計時に設定した残存引張り力の大きさが適性であったかどうかの見直しをすることができる利点がある。

しかし，ロードセルが信頼をもって使用できる期間はアンカーの供用期間より短く，一般に5～10年といわれている。このため，ロードセルの耐用期間を過ぎる前に，ロードセルを交換するかリフトオフテストに切り替える必要がある。最近では，既存のアンカーにも設置可能で，かつ取り付けたロードセルの交換が可能な荷重計測のシステムも開発されている。

3）試験時期

試験は，あらかじめ定められたアンカーに対しては維持管理で定められた時期，あるいは地震後など構造物の安全性に疑問が生じた時に実施する。

付 録 9

【付録 9-1】健全性調査の方法について

(リフトオフ試験)

　リフトオフ試験は，アンカーの残存引張り力を測定する調査である。試験はテンドンに直接引張り荷重を加える方法で行われるため，テンドンの破断による飛び出し等が懸念される。このため試験の実施にあたっては，十分な安全対策を講じるとともに，既設のアンカーの機能を低下させないよう配慮する必要がある。高速道路のり面に施工されたアンカーにおいて適用されている「グラウンドアンカーのリフトオフ試験方法」を参考として以下に示す。

「グラウンドアンカーのリフトオフ試験方法」[2]

1．適用範囲

　この規格は，グラウンドアンカーの残存引張り力の経年変化を求めるために行うリフトオフ試験方法について規定する。

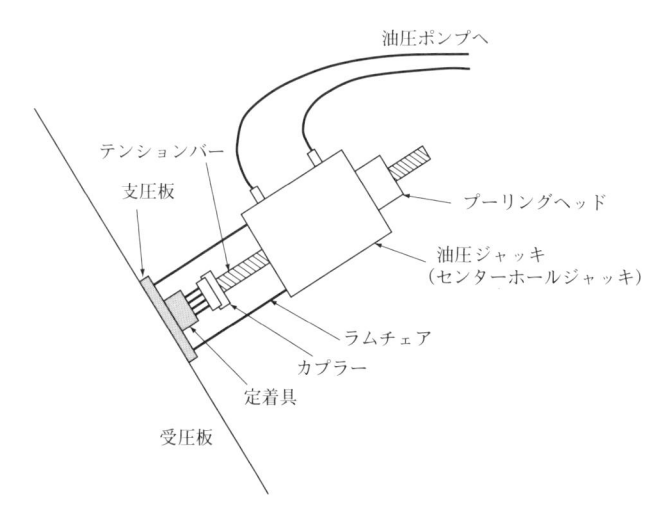

付録図-9.1　リフトオフ試験装置の例

2．試験方法

（1）載荷装置の設置には，テンドンにせん断力が加わらないようアンカー傾角やアンカー水平角にあわせて取り付ける[注1]。油圧ジャッキを固定させる

ための初期荷重は，想定されるリフトオフ荷重の1割程度とする。変位計はアンカー傾角やアンカー水平角にあわせて，定着具の変位を計測できる場所に設置する。

 注1）アンカーがのり面鉛直方向に打設されていない場合に注意する必要がある。

（2）試験装置をセットして1回目のリフトオフ試験は予備載荷とする。試験最大荷重は予備載荷で確認する概略リフトオフ値[注2]の1.1倍程度を目安とするが，設計荷重の1.2倍，テンドン降伏荷重の0.9倍の両方を超えない荷重とする。試験最大荷重後は初期荷重まで除荷を行う。

 注2）予備載荷での概略リフトオフ荷重は，定着具と支圧板の離れる荷重を目視で確認，あるいは定着具の変位量が急増する荷重等で確認する。

（3）初期荷重時，変位計の変位量をリセットした後に本載荷を行う。試験中は 荷重と変位を計測する。このとき，目視により定着具と支圧板が離れる荷重を確認しておく。

（4）本載荷では初期荷重から試験最大荷重まで載荷する。試験最大荷重時では荷重と変位が安定することを確認し，その後除荷して初期荷重までもどす。

（5）試験最大荷重は予備載荷で確認した概略リフトオフ荷重の1.1倍を原則とする。ただし，設計荷重の1.2倍，テンドン降伏荷重の0.9倍の両方を超えない荷重とする。

（6）載荷試験回数は予備載荷を含め2回とするが，残留変位量[注3]が収束しない場合は再度本載荷を実施する。通常，本載荷の残留変位量は1mm程度以下である。

 注3）残留変位量とは，載荷試験前で初期荷重時の変位量（0）と載荷試験後で初期荷重時の変位量の差をいう。

（7）荷重および変位量データの計測頻度は，「載荷速度/要求精度」を目安に設定する。

  例えば，載荷速度30 kN/min で要求精度1 kN とした場合は，
  計測頻度：30 kN/min÷1 kN/回＝30 回/min＝30 回/60 sec
       ＝0.5 回/sec＝1 回/2 sec

（8）試験終了後は頭部の保護キャップを設置し，防錆油を充填する。防錆油が充填しにくい構造の保護キャップの場合は保護キャップ設置前にあらかじめ頭部テンドンや定着具に防錆油を塗りつけておく。

3．結果の整理

（1）荷重－変位曲線図において，載荷時のリフトオフ前の傾きとリフトオフ後の傾きの交点をリフトオフ荷重とする。

（2）残存引張り力は荷重－変位曲線図から求めたリフトオフ荷重とするが，目視による定着具と支圧板が離れた荷重も参考に決定する。

（3）明確なリフトオフ荷重が現れない場合は，目視により確認した定着具と支圧板の状況や離れた荷重を参考にしながらその理由について検討を行う。

（4）設計 $\tan\theta$ は荷重に対するテンドンの理論的な弾性変位量を示し，以下により求める。

$$設計 \tan\theta = \frac{E \cdot A}{l_f}$$

l_f：テンドン引張り長
E：テンドンの弾性係数
A：テンドンの有効断面積

（5）$\tan\theta$ は，変位増加に対する荷重増加の比をいい，リフトオフ後の傾き（勾配）から求める。

（6）逆算テンドン引張り長は，リフトオフ試験から求めた $\tan\theta$ を基にテンドンの引張り長を計算する。

（試験結果の判定）

健全なアンカーにおいても，地盤のクリープや引張り材のリラクセーションの影響などにより残存引張り力が10％程度低下したり，外力の変化により変動する場合がある。よって，残存引張り力が定着時緊張力に対して80％以上，かつ設計アンカー力以下を健全な状態と判定する。残存引張り力と健全度の目安を**付録表-9.1**，リフトオフ試験結果の評価（例）について**付録表-9.2**に示す。

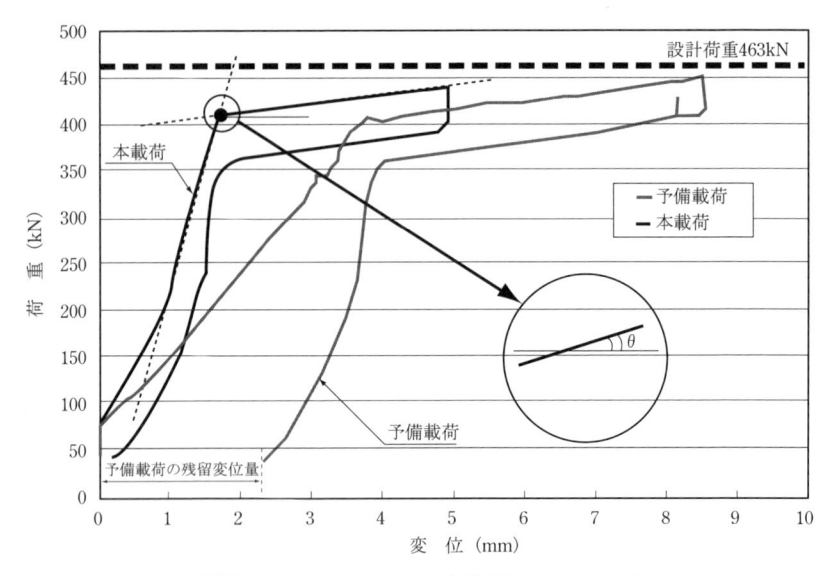

付録図-9.2 リフトオフ試験結果グラフの例

付録表-9.1 残存引張り力とアンカー健全度の目安[1]

残存引張り力の範囲	健全度	状 態	対処例
$0.9\,T_{ys}$	E	破断の恐れあり	緊急対策を実施
	D	危険な状態になる恐れあり	対策を実施
$1.1\,T_a$	C	許容値を超えている	
許容アンカー力（T_a）	B		経過観察により対策の必要性を検討
設計アンカー力（T_d）			
定着時緊張力（P_t）	A	健全	
$0.8\,P_t$	A	健全	
	B		経過観察により対策の必要性を検討
$0.5\,P_t$			
	C	機能が大きく低下している	対策を実施
$0.1\,P_t$			
	D	機能をしていない	

T_{ys}：テンドンの降伏引張り力
T_a：許容アンカー力
T_d：設計アンカー力
P_t：定着時緊張力

付録表-9.2 リフトオフ試験結果の評価（例）[1]

タイプ	荷重 T ～変位量 δ 特性分類	
リフトオフが明瞭な場合	（グラフ：$T_1=a_1\cdot\delta+b_1$、$T_2=a_2\cdot\delta+b_2$、理論上の$T\sim\delta$曲線 $T=a_p\cdot\delta+b_p$）	・$\dfrac{E_s\cdot A_s}{1.1\cdot l_f} \leq a \leq \dfrac{E_s\cdot A_s}{0.8\cdot l_f}$：正常 （ただし，設計値どおりの傾きとならない場合も考えられる） ・リフトオフ後の傾きが急激に変化する場合（図中の a_1，a_2）や，荷重が下がっていくアンカーなどは，注意が必要。
リフトオフしないもしくは不明瞭な場合	（グラフ：理論上の$T\sim\delta$曲線 $T=a_p\cdot\delta+b_p$）	・アンカー軸線と台座の偏芯や地山の滑動などにより，テンドンがアンカー孔壁や構造物と接触して折れ曲がったような状態や，自由長部シース内にグラウトが浸入したなどの理由により，自由長部が拘束された場合。 ・オーバーロードになっている場合。

（維持管理用の油圧ジャッキ）

近年維持管理を目的として軽量化された油圧ジャッキが開発されている。これにより，複数のアンカーの緊張力を効率的に測定することができるため，アンカーの緊張力分布を把握することができる（**付録図-9.3**）。

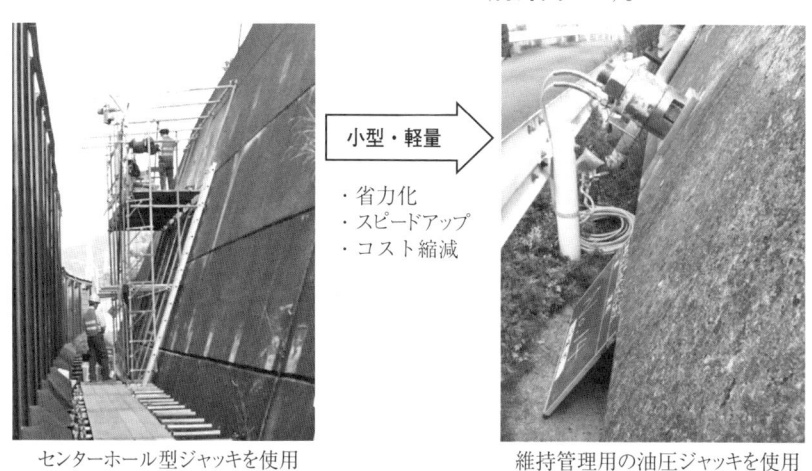

センターホール型ジャッキを使用　　　　　維持管理用の油圧ジャッキを使用

付録図-9.3　従来のリフトオフ試験と軽量油圧ジャッキによるリフトオフ試験の比較[3]

【付録9-2】対策工の選定

　対策工は，調査時点におけるアンカーの機能をもとに対策の目的を設定して，耐久性向上対策，補修・補強，更新などから適切なものを選定する。

　防食機能の維持・向上は，アンカーの機能が低下しないように部材の交換等を行う処置である。現状における具体的な処置としては，頭部保護と防錆油に対する対策と，テンドン・定着具・支圧板および頭部背面に対する対策が行われている。各々の対策方法の選定例を**付録図-9.4**に示す。

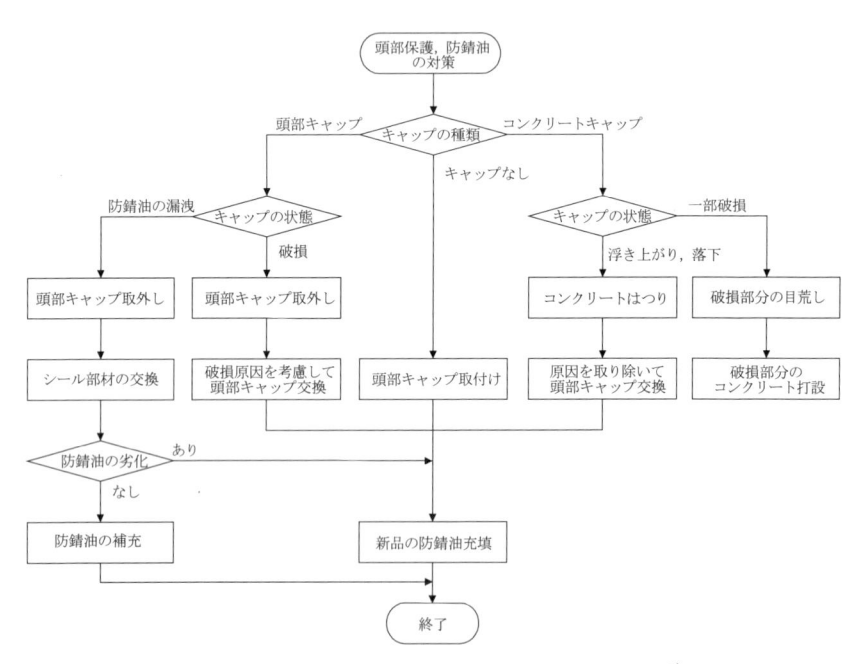

付録図-9.4 頭部保護と防錆油の対策工選定（例）[1]

　残存引張り力を健全な状態に戻すために，アンカーの再緊張・緊張力緩和を実施する。実施に際しては，緊張力の低下や増加の原因を把握することが重要である。残存引張り力が減少・増加した原因が外力の増加や地盤の変形による場合は，再緊張や緊張力緩和が問題の解決にならないことがあるので，地盤の安定に対する根本的な対策の検討と実施が必要になる。特に緊張力緩和は，地盤の安定度を増すための対策とはならず，テンドンの破断や受圧構造物への過

載荷を避けるために行う作業である。緊張力緩和が当面の処置であって，根本的な対策でないことを十分に理解して実施する必要がある。

アンカーを増し打ちしても地盤全体の動きが収まらない事例もあるため，対策工の実施にあたっては地盤の安定について十分検討する必要がある。また実施に際しては，**付録表-9.3**に示した内容について留意する必要がある。

付録図-9.5 アンカー頭部の点検状況

付録表-9.3 再緊張・緊張力緩和の方法と留意点[1]

対象物	状況	原因	対策方法	留意点
残存引張り力	減少	テンドンの劣化	アンカーの許容引張り力を確認後に再緊張を実施	テンドン腐食や損傷がある場合は，作業中にテンドンが破断するおそれがあるので注意が必要
		アンカー体設置地盤のクリープ等地盤の影響	地盤のクリープ性状を把握した後に再緊張を実施	今後も再緊張が必要となる可能性が高いので，再緊張が容易に行える定着具に変更することが望ましい
		構造物の沈下や劣化	原因を取り除いた後に再緊張	構造物背面の地盤強さに応じた緊張力を検討
	増加	想定以上の外力	構造物や地盤全体の安定を検討した後に，必要であれば緊張力を緩和	残存引張り力が許容アンカー力に近い場合は，緊張力緩和作業は行えないことがある
		背面地盤の凍上	凍上による変形に対応できる頭部構造に変更	頭部構造の交換は，緊張力を解除できる場合のみ実施

健全性調査結果により必要なレベルを下回るアンカーや，その構造により適切な補修・補強の実施が困難なアンカーについては増し打ちや更新を実施す

る。このほかに，地下水位の上昇やすべり力の増加など外力の変化により安定度が低下した場合もアンカーの増し打ちや更新の検討が必要となることがある。

　アンカーの増し打ちは，既存のアンカーの機能を評価しつつ不足する抑止力を増設するアンカーにより補うことであり，更新は既存のアンカーを評価せずに新しいアンカーを築造することである。アンカーの増し打ち・更新における検討項目を以下に示す。

① 既存アンカーの再評価

　引張り試験等により既存アンカーの許容アンカー力を評価し，必要な補修・補強を行ったうえで期待できる機能の再評価を行う。

② 構造物全体の安定度検討

　現状における構造物全体の安定度を検討し，必要に応じてアンカーの再検討を行う。

③ 施工性の検討

　施工による周辺の構造物への影響などを検討する。

付録図-9.6　のり面に増し打ちされたアンカー

なお，再緊張や緊張力緩和の施工を行う場合は，事前にアンカー自体の腐食状況などの確認を行い，作業中の安全対策を十分に講じることが重要である。

参 考 文 献

1）（独）土木研究所・（社）日本アンカー協会共編：グラウンドアンカー維持管理マニュアル，鹿島出版会，2008.
2）東日本高速道路株式会社・中日本高速道路株式会社・西日本高速道路株式会社：NEXCO 試験方法，2010.
3）酒井俊典：SAAM ジャッキを用いた既設アンカーのり面の面的調査マニュアル（案），2010.

グラウンドアンカー設計・施工基準，同解説
（JGS 4101-2012）

平成24年 5 月31日	第 1 刷発行
平成24年11月15日	訂正第 2 刷発行
平成28年 3 月15日	訂正第 3 刷発行
令和 2 年 2 月28日	第 4 刷発行
令和 3 年10月25日	第 5 刷発行
令和 4 年（2022年）10月26日	第 6 刷発行
令和 6 年（2024年）12月23日	第 7 刷発行

編　集　地盤工学会
　　　　　地盤設計・施工基準委員会 WG 3：グラウンドアンカー WG

発　行　公益社団法人地盤工学会
　　　　東京都文京区千石4-38-2
　　　　〒112-0011　Tel 03-3946-8677

発　売　丸善出版株式会社
　　　　東京都千代田区神田神保町2-17　神田神保町ビル6 F
　　　　〒101-0051　Tel 03-3512-3256

印　刷　株式会社報光社

Ⓒ2012 公益社団法人地盤工学会　　　14500-2024.12.1000-3150⑩
　　　　ISBN 978-4-88644-090-7

価格はカバーに表示してあります。
乱丁・落丁は送料当学会負担にてお取り替えいたします。
お手数ですが，地盤工学会まで，現物をお送り下さい。